10평 작업실의 달콤쌉싸름한

디저트 이야기

10평 작업실의 달콤쌉싸름한
디저트 이야기

2015년 6월 15일 1판 1쇄 인쇄
2015년 6월 22일 1판 1쇄 발행

지은이 | 러브시스터즈
발행인 | 최한숙
펴낸곳 | BM 성안북스
주소 | 121-838 서울시 마포구 양화로 127 첨단빌딩 5층(출판기획 R&D 센터)
　　　413-120 경기도 파주시 문발로 112(제작 및 물류)
전화 | 02)3142-0036
　　　031)950-6300
팩스 | 031)955-0510
등록 | 1978.9.18 제406-1978-000001호
출판사 홈페이지 | www.cyber.co.kr
이메일 문의 | heeheeda@naver.com
ISBN | 978-89-7067-290-8 (13590)
정가 | 16,800원

이 책을 만든 사람들
책임 | 전희경
편집 진행 | 소풍
교정교열 | 전남희
요리 사진 스타일링 | 러브시스터즈
일러스트 | 강지나
본문 디자인 | 바이차이
표지 디자인 | 바이차이
홍보 | 전지혜
마케팅 | 구본철, 차정욱, 나진호, 이동후, 강호묵
제작 | 김유석

10평 작업실의 달콤쌉싸름한
디저트 이야기

BM 성안북스

프롤로그

PROLOGUE

어려서부터 요리하기를 좋아했다.

내게 있어 요리는 너무나 자연스러운 것이라는 생각이 든다.

신경 쓰지 않고, 자유로이 나만의 요리를 하는 것이 너무나 좋고 즐거웠다.

생선이나 채소 등의 싱싱한 식재료를 구경하는 것이 너무 좋아 시장과 백화점 식품 매장에 가는 것은 내게 있어 놀이동산에 가는 것만큼이나 방방 뛸 만큼 재미나고 흥겨운 일이다.

그러던 어느 날, 영국의 천재 요리사 제이미 올리버를 알게 됐다.

힘이 들어가 있지 않은 자유스러운 어깨, 재미있는 그의 몸짓, 너무 깔끔 떨지 않는 자연스러움 (예를 들어 도마 한쪽이 더러워지면 재빨리 반대편으로 돌려 쓰는 센스!), 화분에 있는 프레시 허브를 무심히 뜯는 옆집 오빠 같은 행동….

부모가 아이를 키울 때 아이의 눈높이에 맞춰 행동하는 것처럼 제이미 올리버는 자신을 모든 재료의 눈높이에 맞춰 너무나 재미있게 자신만의 요리를 창조해내는 것 같았다.

그 후, 어느 날부터인가 나는 자연스럽게 케이크의 매력에 푹 빠지고 말았다.

하나, 둘, 우리 자매만의 케이크를 만들면서 많은 이야기를 나눴다.

"기계에서 찍어낸 것처럼 똑같은 케이크를 만들기보다는 사람들의 추억과 이야기를 담은 그런 케이크를 만들자."

남들은 케이크일 뿐이라고 여기겠지만, 케이크만으로도 충분히 많은 이야기를 보여줄 수 있을 거란 생각이 들었다.

나는 단 하나의 케이크를 만들더라도 자연스럽게 만들고 싶다. 어떤 이의 눈에는 투박하게 보일 수도 있지만 '나다움'을 케이크에 그대로 옮겨 놓고 싶다. 케이크에 데커레이션을 할 때면 꼭 하얀 도화지 위에 그림을 그리는 것만 같다. 어떤 색을 입혀 어떤 느낌을 그려낼까 고민에 빠질 때, 케이크를 만들면서 제일 설레는 순간이기도 하다.

얼마 전 바노피 파이로 아버지의 생일 케이크를 만들어 축하해 드렸다. 열렬한 마라톤 마니아이자 팬을 자처하시는 아버지를 위해 케이크의 주제를 마라톤으로 잡았다. 난생처음 우리 자매가 만든 케이크를 받으시곤 아버지는 얼굴 가득 함박웃음을 보이셨다. 이 바노피 파이에 우리가 아버지 당신의 이야기를, 삶을 조금이나마 담아 놓아 흡족하셨던 것일까?

이렇듯 살아가는 이야기와 추억을 만들 수 있는 달콤한 디저트부터 건강식으로 즐길 수 있는 디저트까지 충분히 홈메이드로 손쉽게 즐길 수 있도록 책의 메뉴를 구성해 보았다. 그리고 작업실에서 무한대로 뿜어져나오는 색색의 오로라 같은 우리의 에피소드까지!

지금껏 눈으로만 만족을 느낄 수밖에 없던 컵케이크와 슈거 케이크를 조금이나마 쉽게 접할
수 있도록 간단한 레서피와 만드는 방법, 만들기 전 알아둬야 할 사항 등을 하나하나 정리해
놓았다. 특히 슈거 케이크는 만들기에 앞서 기본 사항을 모두 읽어보고 만드시기를 권한다.
몇몇 메뉴는 특별한 날 직접 만들어 실생활에서 활용할 수 있도록 꾸몄다. 언젠가 첫아이를
가진 엄마는 아이의 관한 사소한 것 하나까지도 자신의 손으로 직접 만들고 싶어 한다는 이
야기를 들은 적이 있다. 아이의 백일이나 돌 케이크를 손수 만들고 싶지만 슈거 케이크의 비
싼 가격 때문에 포기하고 마는 엄마들을 위해 집에서 손쉽게 자신만의 스타일로 만들 수 있
는 '베이비 케이크' 만들기 레서피도 수록했다.
이 책을 좀 더 재미있게 활용하고 싶다면 컵케이크 만들기의 소품을 응용해 슈거 케이크를
만들 때 접목하거나 반대로 슈거 케이크 만들기의 소품을 컵케이크의 데커레이션에 활용한
다면 또 다른 새로운 케이크를 만들 수 있을 것이다.

베이킹은 하면 할수록 실력이 느는 것이 꼭 공부와 같은 것 같다.
날마다 만들기는 쉽지 않지만 시간이 날 때마다 한 장 한 장, 책갈피를 넘기며 눈으로 공부
하는 것만으로도 꽤 도움이 된다.
이 책이 처음으로 베이킹을 시도하는 이들에게 용기와 희망, 설렘을 줄 수 있으면 좋겠다라
는 생각을 한다. 우리 자매가 처음으로 베이킹을 하며 느낀 그런 행복과 설렘, 말이다. 미약
하나마 '우리의 노고가 이 책을 통해 독자들에게 조금이나마 전달될 수 있다면 얼마나 좋을
까'라는 생각을 해본다.
적당히 기분 좋은 햇볕, 따스한 온기, 이렇게 좋은 날 설레는 마음으로 녹자들에게 우리 자
매의 행복한 베이킹 이야기를 들려드릴 수 있게 돼 감사할 따름이다.

이 책을 읽는 모든 분에게 예쁜 케이크만큼이나 사랑스럽고 행복한 날
이 이어지길 진심으로, 진심으로 바란다.

러브시스터즈
love Sisters

C O N T E N T S

Chapter 01

EPISODE
달콤 쌉싸름한 에피소드

Chapter 02

SUGAR CAKE & CUP CAKE
슈거 & 컵케이크

Chapter 03

DESSERT
디저트 이야기

Chapter 04

STYLING

케이크 & 소품 스타일링

이 책의 베이킹 만들 때 참고하세요

이 책의 계량 단위는
- 1테이블스푼은 1큰술
- 1티스푼은 1작은술로 표기되어 있습니다.

1. 계량 도구

• 계량컵 　1컵 → 250ml 기준 　1/2컵 → 125ml 　1/3컵 → 80ml 　1/3컵의 절반 → 40ml 　1/4컵 → 60ml 　1/8컵 → 30ml	• 계량스푼 　1큰술 → 15ml 기준 　1/2큰술 → 7.5ml(1큰술의 절반 분량) 　1작은술 → 5ml 　1/2작은술 → 2.5ml 　1/4작은술 → 1.25ml 　1/8작은술 → 1/4작은술의 절반 분량
디저트 메뉴 레서피에서 평소에 볼 수 없던 1/3컵 절반 양과 1/8컵을 보실 수 있을 거예요. 이 계량컵은 따로 있지 않아요. '1/3컵의 절반'이란 말 그대로 1/3컵의 절반만 담은 분량이에요. '1/8컵'은 1/4컵의 절반만 담은 분량이고요. 제대로 된 디저트를 만들고 싶다면 분량을 꼭 지켜주세요!	계량스푼에서도 평소에 볼 수 없던 1/2큰술과 1/8작은술이 있을 거예요. 1/2큰술 → 1큰술의 절반 분량 1/8작은술 → 1/4작은술의 절반 분량 꼭 참고해주세요.

2. 전자 저울
꼭 전자 저울로 구입하세요. 디자인이 예뻐서 눈금 저울을 구입하는 분도 계시는데 분량이 정확하지 않고 계량하기가 힘들답니다.

3. 만들기 전 알아두기
디저트 만들기에 앞서 '만들기 전 알아두세요'라는 항목이 있어요. 꼭 미리 읽어보세요. '미리 만들어두세요'라는 뜻은 꼭 미리 만들어 놓아야 베이킹할 때 편리하다는 뜻이에요.

4. 재료 준비
처음 베이킹을 시작하는 분들은 무조건 모든 재료 준비를 준비해 놓고 시작하세요. 그리고 만드는 순서를 꼼꼼히 읽은 다음, 차분하게 하나하나 확인한 후 시작하면 실수를 줄일 수 있어요. 만드는 방법이 복잡하면 만드는 순서를 머릿속으로 상상해보는 것도 도움이 됩니다. 그리고 정신 없이 바쁜 시간보다 마음의 여유가 있을 때 만드세요. 그래야 실수를 줄일 수 있고, 더 맛있는 디저트를 즐길 수 있답니다.

5. 중탕

재료에 직접 열을 가하지 않고 은근히 올라오는 간접 열로 조리하는 방법이에요. 초콜릿 등을 녹일 때 베이킹에서 많이 사용하는 조리법이랍니다.

먼저 불에 직접 열을 가해도 되는 냄비(소스 팬)를 준비합니다. 이 냄비(소스 팬)에 물을 1/3쯤 붓습니다. 중탕을 해서 녹일 재료를 넣을 볼을 따로 준비합니다. 먼저 물을 1/3쯤 담은 냄비(소스 팬)를 가스레인지 위에 올린 다음 불을 켜주세요. 그 안에 재료가 들어 있는 또 다른 볼을 얹어 재료를 녹이거나 간접적으로 열을 가해주는 거예요. 쉽게 말해 냄비(소스 팬) 위에 또 다른 볼이 들어 있는 형태이지요.

중탕할 때에는 항상 약한 불이나 중간 불로 하고 물이 끓기 시작하면 반드시 불을 낮추고, 재료에도 물이 튀어 들어갈 수 있으므로 주의하세요.

6. 달걀

요즘은 시판되는 달걀의 종류가 많아졌어요. 너무 큰 달걀보다는(대란, 특란) 보통 크기의 달걀을 사용하는 것이 좋습니다.

7. 동물성 생크림

디저트 재료에 들어가는 생크림은 거의 100% 동물성 생크림을 사용했어요. 이 책에 수록된 디저트 레서피의 포인트는 첨가물이 전혀 안 들어 있는 동물성 생크림이에요. 각 회사마다 첨가물이 조금씩 들어 있는 생크림을 판매하는데, 꼭 표시 성분에 쓰여 있는 동물성 생크림 100%인지를 확인하고 구입하세요

8. 우유

우유는 일반 우유를 사용하세요. 저지방 우유나 칼슘 첨가 우유를 사용하면 맛의 차이가 많아요.

9. 밀가루

밀가루는 크게 세 종류로 구분해요.

강력분 : 식빵 등 쫄깃한 식감을 원할 때
중력분 : 칼국수, 수제비 등 일반적인 밀가루 요리와 케이크 등
박력분 : 쿠키, 케이크 등 바삭함과 가장 부드러운 식감을 원할 때

밀가루의 종류를 나누는 기준은 난백실(주성분인 글루텐의 함유량) 함유량의 차이예요. 그래서 탄성이 있는 쫄깃한 식감을 원할 때는 단백질 함유량이 높은 밀가루(강력분)를 사용하고, 바삭하고 부드러운 식감을 원할 때는 단백질 함유량이 적은 밀가루(박력분)를 사용한답니다. 이 책의 레서피에는 대부분 박력분을 사용했어요.

10. 밀가루 오버 믹싱

케이크를 만들 때 가루류는 거의 마지막 단계에 들어가는 경우가 많아요. 마지막 단계이다 보니 밀가루의 흰색이 조금도 안 보일 정도로 많이 돌리는 경우가 있는데, 이걸 일컬어 '오버 믹싱'이라고 해요. 밀가루를 넣고 오버 믹싱을 하게 되면 케이크가 아니라 떡이 되는 경우가 있으니 주의하세요.

밀가루를 넣은 뒤에는 살짝 아주 잠깐만 빨리 돌린 다음 기계를 멈추세요. 섞이지 않은 가루가 조금 남아 있다면 고무주걱으로 천천히 끊듯이 섞으면 돼요.

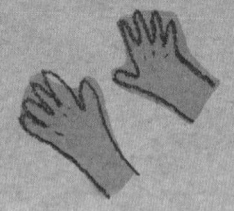

11. 예열

베이킹 초보자들이 가장 많이 하는 실수는 오븐 예열이에요. 예열이란 쿠킹을 하기에 앞서 오븐의 온도를 알맞은 온도로 미리 맞춰 놓는 걸 말해요. 적절한 온도로 예열되지 않은 오븐에서 구분 케이크는 잘 부풀지도 않을뿐더러 모양도 이상해져요. 모든 베이킹에서 오븐 예열은 필수랍니다! 절대 잊지 마세요!

12. 실온 상태의 부드러운 버터 사용하기

버터는 실온에 둬 부드러운 상태가 됐을 때 베이킹을 시작하는 게 좋아요. 냉장고에서 금방 꺼내 너무 딱딱한 상태의 버터를 돌리면 기계가 망가질 수도 있고, 케이크의 반죽을 만드는 과정 자체가 힘들어지거든요. 시간이 없어 냉장고에서 바로 꺼낸 것을 사용해야 할 경우에는 전자레인지에 10~20초 정도 돌린 다음 사용하시면 돼요. 그래도 딱딱하면 다시 한 번 전자레인지에 넣고 돌린 다음 상태를 확인하면서 사용하세요. 단, 너무 오래 돌리면 버터가 액체 상태로 되니 조심하셔야 해요. 전자레인지에 녹일 때는 항상 틈틈이 확인하면서 돌리세요.

13. 버터 휘핑

보통 케이크 레서피의 첫 번째 단계에는 '버터를 크림화 시켜주세요' 또는 '부드러운 상태가 될 때까지 돌려주세요'라는 말이 적혀 있어요. 실온 상태에 놓아둔 버터를 스탠드 믹서에 넣고 돌리다 보면 처음과 달리 조금 부풀면서 부드러운 크림 느낌이 나요, 꼭 마요네즈처럼요. 이 단계를 귀찮다고 조금 돌리거나 그냥 지나쳐버리시면 안 돼요. 꼭 버터를 충분히 휘핑해줘야 부드러운 케이크가 완성된답니다.

14. 초콜릿 전자레인지에 돌리기

저는 녹여야 할 초콜릿의 양이 적으면 중탕 대신 전자레인지에 돌립니다. 그리고 10~20초씩 돌린 다음 꺼내서 주걱으로 잘 섞은 뒤 초콜릿 덩어리가 남아 있으면 다시 한 번 전자레인지에 10~20초씩 돌려요. '한번에 길게 돌려 다 녹이면 되지'라고 생각하는 분도 계실 텐데 그렇게 했다가는 탄내가 나는 초콜릿을 만나게 될 거예요.

15. 가정용 전기 광파 오븐

이 책에 나오는 모든 메뉴는 가정용 전기 광파 오븐으로 만들었어요. 광파 오븐은 일반 가스 오븐과는 전혀 달라요. 쉽게 말해 가정용 전기광파 오븐은 전기를 이용하는 오븐으로 기존의 가스 오븐보다 열이 훨씬 더 강하고 조리 시간도 단축하는 장점이 있을 뿐만 아니라 예열도 더 빨리 돼요.
요즘은 각 가전 브랜드마다 전기 광파 오븐을 출시했어요. 그러다 보니 각 가전 브랜드의 전기 광파 오븐마다 약간씩 온도 차이가 있을 수 있어요. 혹시 메뉴를 만들 때마다 굽는 시간에서 약간의 오차가 있을 수 있으니 참조해주세요.

16. 케이크 크림 샌딩하기

모든 케이크를 구운 뒤에는 꼭 한 김 식힌 다음(열기가 모두 빠져나가고 손으로 만져봤을 때 그 열이 느껴지지 않아야 함) 커팅한 후 크림을 샌딩해주세요. 열기가 남아 있는 케이크에 바르면 크림이 녹아버릴 수 있으니까요.

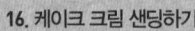

창 업 하 기 전 중 요 한 체 크 사 항 !

1. 사무실 찾기
흔히들 먼저 '자리(=목)를 찾는다'라고 말하죠. 영업을 하기 위해 필요한 장소를 물색해야 해요. 생각해둔 좋은 가게 자리나 지역이 있다면 부동산에 가서 알아보셔야 해요. 전화상으로 미리 부동산에 원하는 조건(보증금, 월세, 층수, 평수 등) 의 자리가 있는지 알아보세요. 인심 좋은 건물주를 만난다면 금상첨화!

2. 영업 신고
각 관할 구청 보건소에 찾아가 영업 신고를 합니다. 구청을 방문하기에 앞서 영업 신고를 위한 구비 서류(임대차 계약서, 신분증 등)를 꼭 지참하셔야 해요. 구청 인터넷 홈페이지에 방문하면 자세한 내용을 확인할 수 있어요.

3. 사업자 등록
사업장 소재지의 관할 세무서를 방문해야 합니다. 사업자 등록을 해야 적법한 영업 활동을 시작할 수 있거든요. 관할 세무서에 가면 사업자 등록 신청서가 있어요. 이 신청서를 작성한 뒤 필요한 구비 서류(임대차 계약서, 신분증, 영업신고증 등)와 함께 제출하면 끝! 좀 더 자세한 내용은 해당 관할 세무서 홈페이지에서 확인하세요.

4. 욕심 버리기
처음부터 너무 완벽하게 준비하고 시작하려 하지 마세요. 처음부터 완벽한 출발이란 있을 수 없거든요. 시간이 조금씩 지날수록 추가할 항목과 버려야 할 항목이 눈에 들어온답니다.

5. 건물 점검하기
마음에 드는 사무실을 찾았다면 건물에 하자가 없는지 꼭 알아보세요. 특히 장마철에 천장에서 빗물이 세는지(1층도 빗물이 셀 수 있어요), 가스와 수도가 모두 구비돼 있는지 확인하세요. 만약 없을 경우에는 필요에 따라 자비로 설치해야 한답니다.

6. 온라인 판매를 염두에 두고 있다면?
인터넷으로 케이크 또는 디저트를 판매하고 싶을 경우에는 종류별로 검사료를 내고 검사를 받아야 한답니다. 하지만 검사료가 저렴한 편이 아니므로 메뉴를 신중하게 결정하셔야 해요.

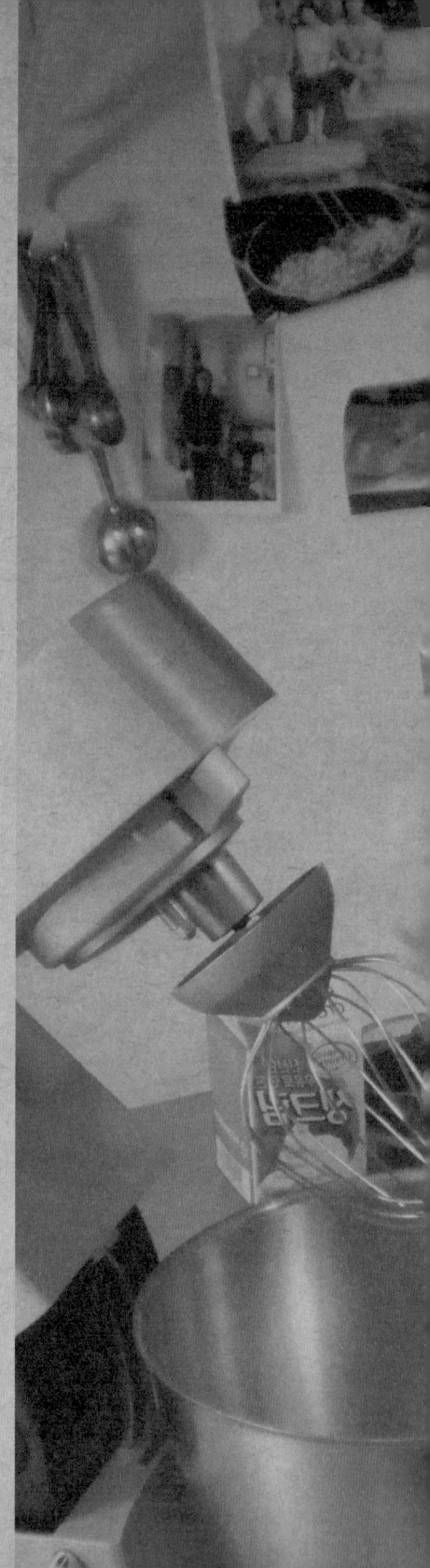

Chapter
01

E P I S O D E

달콤 쌉싸름한
에피소드

우리들의

에피소드

우리는 '용감자매'

작디작은 아담한 작업실, 그리고 우리들의 가게. 성공보다는 실수가 조금 더 많은 우리는 '용감자매'이다. 평범한 학창 시절을 보냈고, 평범한 직장 생활을 했다. 그리고 너무나 평범했던 어떤 하루, 이 하루가 우리에게 마법을 걸어왔다. 지독한 꽃샘추위가 있던 3월의 어느 날, 친한 친구에게서 문자가 왔다.

"회사를 관둬야 할까?"

20대 초반, 모든 것이 불확실하기만 하고 서로의 미래에 대해 고민이 많은 시기였다.

학교에서 배운 것을 토대로 사회생활을 하고는 있지만 지독히도 적성에 맞지 않는 일, 겨우겨우 비슷하게 남들 뒤꽁무니만 쫓고 있을 뿐, 일에 대한 성취감이란 전혀 느낄 수도 찾을 수도 없는 날들이었다. 그저 다달이 꼬박꼬박 받는 월급을 기다리는 것이 유일한 낙이었다. 언제부터인가 날마다 보는 숫자와 관련된 서류만 봐도 가슴이 울렁거렸다. 그날의 업무가 마무리 되지 않으면 계속 신경이 쓰이는 탓에 끼니를 거른 적도 많았다. 그렇게 그때 그 시절의 내 마음은 몇 년째 나 자신에 대한 회의와 반문의 연속이었다.

'내가 원하는 게 뭐지…? 내가 정말로 좋아하는 게 뭘까?'

스스로에게 던진 질문인데도 도통 내 안의 답변을 들을 수 없었다. 그즈음의 나는 내가 천하무적의 아줌마가 되고 할머니가 돼서도 할 수 있는 진심으로 즐길 수 있는 일을 찾고 있었다. 그러던 어느 날, 평소 어렵기만 하던 직장 상사가 결혼한다는 소식을 듣게 됐다. 그는 평소 어떤 경우에도 시간 약속과 규칙을 철저하게 지키는 사람이라 자유분방한 사고를 가진 나로서는 너무 대하기 어려운 상사였다.

'흠…, 결혼? 결혼이라…! 따뜻한 봄날에 하는 결혼식이니까 참 예쁘겠다. 웨딩드레스도 입고, 꽃도 활짝 피고, 웨딩 케이크도 있고….'

케이크? 그 순간 '웨딩 케이크를 만들면 참 예쁘겠다'라는 생각이 불현듯 들었다. 정말 한순간이었다. 더구나 나는 베이킹의 '베'자도 모르는 사람이었다. 솔직히 어렸을 적부터 베이킹을 시작한 동생이 쿠키를 만들 때면 구박은 기본, 먹으려 하지도 않았다. 도대체 그런 걸 왜 만드는지 이해할 수 없었다. 그런 내가 웨딩 케이크를 만들 생각을 하다니…?

인터넷 검색창에 '웨딩 케이크'를 입력하자 딱 두 곳의 정보만 나타났다. 지금이야 검색창에 입력하면 수십 개의 관련 교육기관이 나오지만 그 당시만 해도 가르쳐주는 곳을 찾기가 굉장히 어려웠다. 그길로 선생님을 찾아뵙고 케이크를 배우기 시작했다. 그리고 그 시간들을 정말 후회 없이 즐겼다.

시간이 흘러 뒤를 돌아보니 나는 지금, 소박하게나마 나만의 케이크를 만드는 행복한 사람이 돼 있다. 사실, 별로 좋아하지 않던 직장 상사 덕에 내 미래가 이처럼 달라지게 될 줄이야! 세상살이는 이처럼 놀라운 일의 연속인 듯싶다. 신은 한쪽 문을 닫으면 반드시 또 다른 한쪽 문을 열어주신다고 한다. 평범하기만 한 어느 날, 주님께서 드디어 내게 한쪽 문을 열어주신 것이다. 주님, 오늘도 감사합니다.

영화 '놈놈놈' 패러디

작업실 겸 가게의 상호를 결정하는 건 생각만큼 쉽지 않았다. 단순하게 케이크 숍이니까 당연히 상호에 '케이크'라는 단어는 들어가야 한다고 생각했다. 하지만 막상 이름을 쓰고 보니 너무 평범하고 너무 단순하기 이를 데 없어 후보에만 머물렀다. '한번만 들어도 단번에 기억할 수 있는 그런 이름 없을까?'라고 몇 날 며칠을 고민하다가 불현듯 아주 단순하지만 약간은 파격적인 상호가 생각났다.

그것은 바로 '눈 눈 눈.'

지극히 단순하지만 한번 들으면 절대 잊지 않는 이름. 때마침 영화 〈나쁜 놈, 이상한 놈, 착한 놈〉이라는, 일명 '놈놈놈'이 흥행 돌풍을 일으킨 무렵이었다. 영화를 재미있게 본 터라 그걸 패러디하면 재밌겠다는 생각이 들었다. 처음에는 정말 장난 삼아 뱉은 말이지만 며칠 동안 우리 자매는 '눈눈눈'이라는 상호를 두고 진지한 고민을 이어갔다. 결국에는 선택되지 못한 비운의 이름이 됐지만 개인적으로 참 아까운 후보 중 하나다.

- Sugar cake, Cup cake
LOVE SISTERS
☎ 010 · 8530 · 76
http://www.lovesisters.co

사 업 준 비

자 본 금   적잖은 나이에 시작하는 사업인지라 우리의 힘으로 하나씩 장만하고 싶은 마음이 제일 컸다. 우리가 '그동안 번만큼의 자본으로만 작지만 재미나게 시작해보자'라는 다짐으로 출발했다.

우리의 20대 시절에는 현실과 이상의 경계선이 전혀 없었다. 그냥 생각하고 실행에 옮기면 그만이었다.

20대 후반, 생전처음 내 손으로 직접 통장에 저축이라는 걸 해봤다. 물론 20대 초반에 회사를 다녔고 꼬박꼬박 월급을 받기는 했지만 집안 사정상 어머니의 치료비에 보태느라 저축을 할 여유가 없었다. 그래도 어머니가 좋아하는 것을 살 수 있다는 생각만으로도 우리는 너무 행복했다. 그리고 그 이후부터 회사 생활하며 번 돈은 학원비와 재료비 외에는 모두 저축하며 생활했다. 그렇게 우리 자매가 푼푼이 모은 자본금으로 작지만 소중한 작업실과 필요한 도구와 재료, 그 외 비품을 구입하게 됐다.

작업실은 처음부터 오프라인 가게를 목적으로 두고 구한 것이 아니기 때문에 되도록 집과 가까운 곳, 더불어 보증금과 월세가 저렴한 곳을 물색했다.

2009년 1월 그해 들어 가장 매서운 한파가 몰아치던 날, 동생이 직접 발로 뛰어 찾아낸 어느 뒷골목 1층에 자리 잡은 사무실을 보여주었다. 1층은 너무 비싸다는 생각 때문에 엄두도 못 내고 있었는데…!

'와~, 1층이란다.'

이 정도면 집과도 가까운 편이고 무엇보다 보증금과 월세가 시세보다 저렴한 점이 너무 마음에 들어 그날 저녁 바로 계약을 맺었다. 그리고 일하는데 필요한 몇 가지 서류를 등록한 다음 작업대, 냉장고, 난로 등의 비품을 차례대로 작업실에 설치했다.

또 가장 필요한 케이크 상자는 맞춤 상자 대신 방산시장에서 파는 기성제품을 사용하기로 했다. 맞춤은 최소 100개 단위부터 1000개 단위로 제작이 가능하다 보니 경제적인 부담이 큰 탓에 시중에 있는 기성제품을 사용하기로 한 것이다. 그렇게 얼추 우리만의 작업실이 완성돼가고 있었다.

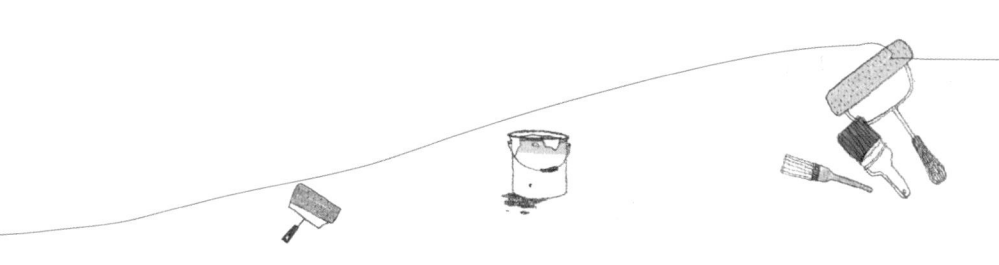

사 업 자 등 록 마·음·만· 부자인 우리의 청춘 시절.

한번은 이런 생각을 했다. 월세와 보증금도 아낄 겸 '집에서 작업해볼까?'라는 생각.

결론부터 말하자면 취미 삼아 일할 요량이면 집에서 작업해도 큰 문제는 없다. 하지만 지금하고 있는 것을 구체적으로 확장해 사업을 염두에 두고 있다면 작업실을 구하고, 사업자등록을 한 다음 일을 진행하는 것이 좋다.

그리고 또 한 가지! 본인이 거주 중인 일반 주택이나 아파트는 사업자등록을 하고 싶어도 할 수 없다. 허가가 나지 않기 때문이다. 사업자 허가가 나지 않으면 일반 사업체에서 주문하는 것을 제대로 처리할 수 없다. 일반 사업장은 세금계산서나 현금영수증 등의 증빙서류를 요구하는데 사업자로 등록돼 있지 않을 경우 이 같은 증빙 서류를 제출할 수 없기 때문이다.

그리고 정식 사업자로 등록하고 나면 실제 관할 기관에서 담당자가 방문하기도 하는데, 일반적인 절차이므로 괜히 겁먹을 필요는 없다.

인 테 리 어 사업 초창기의 작업실과 지금의 작업실은 마치 동화책 속 요정 할머니가 마법을 건 것처럼 확연히 다른 모습이다. 나름대로 최선을 다해 벽에 페인트를 칠해 깔끔하기는 하지만 먼지 쌓인 전구와 낡은 어닝, 그 외에도 어느 하나 제대로 인테리어 된 것이 없었다.

우리의 숍이 소문나기 시작하자 차츰 직접 픽업 오는 손님도 늘고, 클래스 수강생이 방문하기 시작하면서 인테리어에 전혀 신경을 쓰지 않을 수가 없었다. 우리도 조금 더 나은 작업실을 원하고 있었다. 그렇다고 빠듯한 자본금으로 거창한 인테리어 업체에 인테리어를 맡길 형편도 못 됐다.

고육지책으로 짜낸 결론은 우리만의 핸드메이드!

'그래, 메이드 인 러브 시스터즈다.'

'안 되면 되게 하라' 했으니 우리 손으로 직접 완성해보자 다짐했다. 직접 사다리에 올라 칙칙한 벽 외관은 핫핑크로 산뜻하게 칠하고, 평소 정말 마음에 들지 않던 문틀은 민트 컬러로 칠했다. 정말 페인트 칠만 했을 뿐인데, 그 효과는 놀라웠다. 마치 동화 속에서 튀어나온 듯 앙증맞고 귀여운 분위기까지 물씬 풍기는 것이! 그리고 지난겨울, 눈이 너무 많이 내려 무게를 견디지 못하고 찢어져 버린 어닝은 전문업체에 의뢰했다.

우연찮게 시기도 딱 맞아떨어졌다. 일주일만 늦어도 할 수 없었는데, 조금도 거짓말을 보태지 않고 장마가 시작되기 딱 1주일 전에 이 모든 것을 끝마쳤다.

그렇게 서서히, 작지만 하나밖에 없는 우리의 작업실이 조금씩 변해가고 있었다. 페인트를 칠하며 깨달은 사실!

교훈 : 이 세상의 모든 페인트는 위대하다.

제아무리 낡은 헌것도 새것으로 만드는 페인트의 놀라운 능력! 변화를 경험하고 싶다면 당장 구입해 칠해 보시길!

전쟁이다

집 에 서 전 쟁 나 다

매섭게 추운 겨울, 기적이 꿈틀거리는 작은 부엌에서 우리는 시작했다. 작업실을 열기 전 본격적인 메뉴 선정과 함께 우리만의 특색 있는 여러 가지 디저트 만들기에 도전했다.

정말 작디작은 조그만 가정집 부엌에서 예열이 불분명한 가스 오븐으로 이것저것 굽기란 참으로 어려운 일이었다. 분명 책에서는 봉긋하고 예쁘게만 솟은 케이크인데 어찌된 영문인지 오븐 유리 너머로 보이는 우리의 케이크는 한가운데가 폭탄을 맞은 것처럼 푹 꺼져 있기 일쑤였다. 얼굴은 붉으락푸르락, 인내심도 바닥을 드러내고 있었다. 푹 꺼진 케이크를 쏘아본들 달라질 것도 없지만 달리 방법이 없었다.

이상한 건, 초기에는 예열하지 않은 오븐으로도 제법 예쁜 케이크를 구워냈는데 막상 메뉴 개발에 들어가면서부터는 번번이 실패의 연속. 그뿐만 아니라 오버 믹싱으로 떡이 되다 만 듯한 케이크가 탄생하기도 했다. 몇 번의 실패로 좌절한 끝에 모두 그만두고 싶던 무렵이었다.

원래 우리의 주 메뉴는 각종 디저트였으며 사이드 메뉴로 컵케이크를 염두에 두고 있었다. 그러자면 컵케이크를 공부해야 하는데, 그 당시만 해도 컵케이크를 체계적으로 가르쳐주는 곳이 없었다. 하물며 베이킹을 배우러 다닐 때 버터크림으로 실습한 것이 내가 처음 접한 컵케이크의 유일한 모양과 맛이었다. 게다가 열심히 수소문한 끝에 어렵사리 찾아낸 컵케이크 책은 영어 원서뿐이었다.

사실, 영어를 잘 못 한다. 길을 걷다 외국인이라도 마주 치면 혹여 말을 걸어올까 무서워 울렁증이 생길 정도다. 그런 우리가 징말 가까이 하기엔 너무 먼 컵케이크 원서!

그렇게 사방으로 수소문하고, 여러 가지 베이킹 재료를 준비하면서 알게 된 새로운 사실은 외국 사람들은 너무 달게 먹는다는 거였다.

"아니, 얘들은 단 걸 왜 이렇게 많이 넣어?"

"설탕을 넣었는데 물엿도 이렇게 많이 넣어? 게다가 콘 시럽까지?"

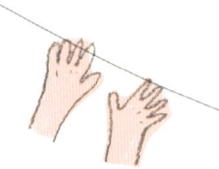

"이 레서피 개발한 사람 단 거 못 먹어서 미쳤나봐."

"이 레서피 가관이다…, 이게 사람 먹는 음식이야?"

그 책을 보면서 얼마나 구시렁거렸는지 아직도 기억이 생생하다.

어떤 날은 혼자서 끙끙거리며 컵케이크를 만드는 게 너무 어려워 "아예 메뉴에서 컵케이크를 빼자"고 울먹인 적도 있다.

하루는 책에 나온 정량대로 만들었다가는 나조차도 먹지 못할 것 같아 그 후부터 설탕과 버터의 양을 조금씩 줄이면서 변화를 주었다.

재료를 조금씩 줄여 만들어도 컵케이크의 품질에는 별다른 변화가 없었다. 좀 퍽퍽하다 싶으면 우유를 조금 더 넣기도 하고….

'좀 더 부드러운 맛을 낼 수는 없을까?'라는 생각에 버터를 거품기로 더 돌리기도 하고, 달걀거품을 더 많이 내기도 하면서 점차 우리만의 특색 있는 컵케이크를 완성할 수 있었다.

작은 공간이다 보니 가정용 4인 식탁에 재료만 늘어놓아도 손을 뻗을 틈조차 없었다. 부엌바닥이며 베란다며, 우리 집의 모든 곳이 한마디로 초토화되던 시절. 부엌에서 만든 다음 케이크나 파이의 열을 식힐 때는 마침 겨울인 탓에 차디찬 베란다가 제격이었다.

그렇게 며칠 생활하다 보니 정말 일하는 곳과 휴식을 취하는 곳을 분명하게 구별해야겠다는 생각이 들었다. 하루빨리 작업실이 필요한 상황.

"야~, 우리 빨리 사무실 구해야겠어. 이러다가 우리 집이 진짜 싫어질 거 같아."

마치 곰 10마리가 내 어깨를 짓무르고 있는 듯한 느낌!

정말 매일 누군가가 내 어깨를 짓누르고 있는 듯 피곤한 나날이 지속됐다.

초 창 기 작 업 실 의 겨 울 이 야 기

첫 작업실을 마련했다는 그 뿌듯함은 경험해보지 않으면 알 수 없다.
작업실만 마련했을 뿐이지, 나머지는 하나씩 준비해야 했다. 제일 처음
우리 앞에 나타난 것은 '미스 싱, 이름은 크대', 싱크대였다. 싱크대만 설
치했을 뿐인데도 왠지 사무실이 꽉 찬 느낌이 들었고, 연이어 온수기, 선
반, 작업대, 오븐 등이 하나씩 작업실 곳곳에 자리 잡기 시작했다. 제일
늦게 도착한 건 냉장고.
당시 우리의 궁벽한 생활을 알려주는 단적인 에피소드 하나를 소개한다.
냉장고가 도착할 때까지 며칠 동안 작업실의 온갖 재료를 넣을 만한 마
땅한 방법이 없었다. 고심 끝에 생각해낸 것이 냉장고가 도착하기 전까
지 사무실의 차디찬 바닥 냉기를 믿으며 종이를 깔고 재료를 정렬하는
것. 이 또한 겨울이라 가능한 일이었다.

우리 작업장에는 가정용 오븐 2대가 있는데, 보기보다 무게가 꽤 많이
나간다. 처음 그 사실을 잘 모른 나는 일반적인 테이블을 구입해 오븐 2
개를 한꺼번에 올려놓고 작업했다. 그러던 어느 날 우연히 오븐이 놓여
있는 테이블을 보고 경악을 금치 못했다.
세상에…, 테이블이 오븐의 무게를 견디지 못하고 U자형으로 은근히 휘
어지고 있는 것을 목격한 것이다. 어쩐지! 컵케이크를 구우면 자꾸만 한
쪽으로 반죽이 쏠린 채 구워지더라니…. 이런 원인 때문일 줄이야.
너무나 많이 부족한 초창기 작업실이지만 그래도 왠지 모르게 작업실에
들어서면 뿌듯하기만 했다. 몸은 힘들지만 모든 것이 새롭고, 사소한 문
제 하나도 허투루 지나치지 않고 나름의 해결책을 찾아나가는 또 다른
나의 모습도 대견하기만 했다.
그즈음의 나에게 던지는 한마디.
"누구냐, 넌?"

시작하다

홈페이지 만들기 머리에 쥐가 났다. '아…, 이런 느낌이구나!'

학창 시절 어려운 수학 문제를 풀 때도 이런 느낌을 경험한 적이 없는 나인데…. 차라리 수학 문제를 푸는 게 낫겠다 싶었다. 홈페이지 만들기라는 게 생각만큼 쉽지 않았다.

컴퓨터 프로그램을 이용해 이것저것 만드는 것도 어렵지만, 도메인과 웹 호스팅을 사야 한다는 걸 이때 처음 알았다. 게다가 없는 솜씨로 홈페이지를 만들려다 보니 여러 극한 상황에 맞닥뜨렸다. 정말 나 혼자서 만들기에는 답이 안 보여 전문 업체에 의뢰해야 할 상황이었다. 하지만 평범한 디자인의 홈페이지는 너무나 싫었다.

다급한 마음에 설 연휴 전날까지 죄 없는 웹 호스팅 업체 게시판에 나 혼자만 질문으로 도배하고 있었다. 그래도 업체 측에서 친절하게 꼬박꼬박 답글을 달아준 덕에 며칠 뒤, 드디어 우리만의 무적 홈페이지를 완성해냈다. 정말 감격스러운 순간이었다. 숍을 준비하면서 한 고비, 한 고비 넘길 때마다 내 나름대로 인간 승리의 산증인이라는 생각에 눈물이 났다.

첫 번째 사업 제의 그렇게 어렵게 만든 홈페이지를 온라인상에 오픈한 지 며칠 지나지 않아 전화 한 통이 걸려왔다. 내용인즉, 자신들이 컵케이크 가게를 운영할 예정인데 우리 작업실에 컵케이크 답사를 오고 싶다는 것이었다. 예상보다 많은 4명의 젊은이가 찾아왔는데, 그들은 서울의 컵케이크 가게는 모두 들러봤다면서 준비한 컵케이크를 시식했다. 그런 다음 사업상의 대화를 주고받았는데, 주 내용은 컵케이크 납품에 관한 것이었다.

첫 납품 의뢰라 굉장히 흥미로웠다. 온라인상에 홈페이지를 오픈하긴 했지만 며칠 만에 우리를 발견했다는 것조차도 신기하고, 초창기라 모든 것이 놀랍고 재미있을 때였다. 다행히 상대측이 우리 컵케이크를 납품받길 원했고, 우리 또한 마다할 이유가 없었다.

그러나 문제는 컵케이크의 단가. 단가를 결정한다는 게 그렇게 어려울 줄이야…. 100원 단위로 서로의 단가가 맞지 않은 탓에, 잠자리에서조차 뒤척이며 어떻게 대처하는 게 좋을지에 대해 고민했다. 옆에서 조언해주는 사람이 있었다면 좋으련만…. 이제와 돌이켜 생각해보니 우린 초보자만이 할 수 있다던, 턱없이 높은 단가를 제시하고 거래를 성사시키려 한 것이다. 말 그대로 정말 '대범한 초보'였다. 무식하면 용감하다더니…, 그 말이 그렇게 딱 들어맞을 수가!

그렇게 단가를 조정하느라 여러 날에 걸쳐 대화가 오갔지만 우리가 사업상의 경험이 부족한 터라 결국 협상은 무산되고 말았다. 이것은 경험 부족, 실전 부족, 협상 부족이 낳은 총체적인 결과였다. 조금 아쉬운 협상이었지만, 되레 많은 것을 보고 배우고 생각하게 한 사람들과의 만남이었다. 그때, 이 계약이 성사됐더라면 분명 안정적인 자금을 확보하는 효과가 있었을 것이다. 하지만 단가 협상 결렬로 인해 많은 것을 생각하고, 많은 것을 배우게 됐으므로 나쁘지만은 않은 경험이었다. 이 일을 계기로 내가 잘 모르던 경영을 공부하게 됐고, 여러 업체에 우리를 알리는 동시에 우리만의 재미있는 시도도 해본 것 같다. 단순한 컵케이크가 아니라 우리만의 스타일을 입힌 우리 자매의 컵케이크 탄생. 지금은 이런 순간이 있었음에 감사한다. 분명 그 당시에는 힘든 순간이었지만 우리 자매에게 많은 것을 생각하게 해준 시간이었으니 그저 감사할밖에….

우리처럼 하나하나 시행착오를 겪는 사람이 있는가 하면 처음부터 잘하는 사람도 있다. 운도 정말 좋다. 하지만 그것은 상위 0.1%에 해당하는 극소수의 사람에 한정된 이야기다. 그래서 나머지 99.9%의 사람을 위해 신이 생각과 공부가 필요하도록 이 세상을 만들지 않았나 싶다.

사업을 하면서 느낀 점은 사업이란 내 계획과는 100% 다른 상황이 주어질 때가 많다는 것이다. 그 주어진 상황 속에서 미래를 살펴보고, 생각하고 또 생각하며 실심히 하는 수밖에 없다. 회사 생활에서는 내게 주어진 할당량의 일만 해도 다달이 수입이 들어오지만 사업은 내가 부지런히 몸을 움직여야만 돈이 들어온다. 그토록 열망하던 자유를 보장받지만, 아쉽게도 활동이 없으면 소득이 없다.

돈! 중요하다. 하지만 난 내 마음의 행복이 조금 더 중요했다. 정말 행복해지기 위해 이 일을 시작했는데 심난하면 억울하지 않겠나. 그래서 정말 열심히 즐기면서 일했다. 사업 초반에는 금전 문제 때문에 걱정도 많았지만, 지금은 그 문제들을 머릿속에서 잠시 내려놓고 생각한다. 또 내 일에 열심히 집중하자 필요한 만큼, 쓸 만큼은 다 내려주시는 것 같다. 힘들 때면 입버릇처럼 어른들이 하시던 말씀이 떠오른다.

"쓸데없는 걱정하지 마라. 아직 일어나지도 않은 일에 왜 걱정을 하는가?"

무슨 일이든 반드시 해결 방법은 있게 마련이다. 이건 무시할 수 없는 세상사의 이치다. 시작이 있으면 반드시 끝도 있다. 다만 시간이 좀 걸릴 뿐. 사업 초기에는 무섭더라도 이 길도 가보고 저 길도 가봐야 하고, 몇 번쯤은 심하게 다쳐보고 넘어지며 경험해봐야만 알 수 있는 것들이 있다. 이 모든 것은 젊으니까 할 수 있는 일종의 모험 같은 것이다.

아리따운 그는 나의 첫 고객

이렇게 좋을 수가!

온라인상에 공식 홈페이지를 연 후 게시판을 수시로 체크하면서 조회수 '0'이 '1'로 바뀔 때의 그 희열감이란 이루 설명할 길이 없다.

"누군가 우리 홈페이지를 보고 우리의 글을 읽었구나"라며 서로 손뼉을 마주치며 소리 지르던 그때가 생각난다. 우리의 공식적인 첫 번째 컵케이크 주문 고객은 얌전한 화장과 범상치 않은 옷차림을 한 남성분이셨다. 첫 손님이라 너무 많은 질문이 생각났다.

'계산은 어떻게 하지? 돈은 어떻게 받지? 손님과의 첫인사는 어떤 말을 건네야 하나?'

숱한 질문만 머릿속에 맴돌고, 내내 긴장의 연속이었던 우리의 첫 번째 컵케이크에 관한 기억이다.

첫 번째 슈거 케이크

우리에게는 역사적인 날일 수밖에 없는 하루였다.

첫 번째 슈거 케이크를 주문받던 날, 우리의 가슴은 형용할 수 없는 설렘과 기대로 두근두근, 쿵쾅거렸다.

중학교 시절의 첫사랑을 마주친 것처럼 설레기까지 했다. 그동안의 작업은 우리만의 색깔을 담은 케이크 위주였기 때문에 실질적인 우리의 첫 주문은 충격과 환희, 그 자체였다.

한 아이의 어머니, 그녀는 첫아이의 백일 축하 케이크를 부탁했다. 아기의 성별과 나이, 콘셉트 등에 관해 이야기를 나누고 상담을 끝마쳤다. 갑작스러운 주문에 무엇부터 해야 할지 잠시 혼란에 빠졌다.

"어떻게 꾸며야 할까?"

"아~, 이것저것 다 해보고 싶다."

그동안 모아온 자료를 토대로 귀엽고 앙증맞은 콘셉트로 소품을 만들기 시작했다. 백일 케이크라 귀여움과 노랑색을 주제로 삼았다. 우리의 이름표를 붙여 만든 공식적인 케이크가 처음으로 탄생한 순간이었다. 픽업 전날 늦은 밤까지 작업하는 동안 우리는 소품을 놓는 위치며, 상호 스티커를 붙이는 위치까지 티격태격하며 쓸데없는 힘겨루기를 했다. 그렇게 늦은 하루를 마감하고 다음날 드디어 우리의 첫 번째 케이크가 새로운 주인에게로 전달됐다.

약간의 쌀쌀함이 남아 있던 초봄의 토요일 이른 오후, 더없이 행복했던 우리.

백일 케이크가 너무 마음에 들어 사흘 밤낮을 먹지 않고 감상만 했다던 아기 엄마의 이야기를 듣고는 너무 감동해서 울컥했다. 우리의 진심을 담은 케이크가 다른 이에게 행복을 전할 수 있다는 사실에…!

매력이
콸콸콸

뮤지컬 〈 금 발 이 너 무 해 〉

그녀와의 만남은 2010년, 유난히 눈이 많이 내리던 1월의 추운 겨울날이었다.
그녀가 우리 작업실에 방문했을 때도 흐리고 눈이 많이 온 날이었던 걸로 기억한다.
나는 춥거나 날씨가 좋지 않으면 밖으로 움직이지 않는 편인데, 그런 나와 달리 그녀는
정말 활달해 보였다. 자신이 하고 있는 일에 대해 열심히 연구하는 체구가 작은 여대생
이었다. 또한 '소녀시대' 제시카 양의 열렬한 팬클럽 임원이기도 했다.

뮤지컬 〈금발이 너무해〉의 콘셉트에 맞춘 개성이 살아 있는 캐릭터 컵케이크를 원했고,
특히 주인공 엘우즈 양의 블링블링한 느낌을 그대로 살리기를 원했다. 자세한 자료는
이메일로 건네받기로 한 후, 우리도 이전까지 영화로만 본 〈금발이 너무해〉 속의 캐릭
터를 분석하기 시작했다.

이전까지 몰랐던 새 캐릭터에 대해 알아가는 것 또한 너무나 재미있고, 우리의 새로운
작품을 만난다는 사실이 무엇보다 기분을 설레게 했다. 평상시라면 절대 만들어볼 생각
조차 하지 않았을 우리에게 이러한 기회가 주어지다니! 그리고 무엇보다 숍을 열지 않
았다면 우리와 옷깃조차 스칠 기회가 없었을 이들을 통해 우리가 만든 케이크가 제시카
양과 뮤지컬 스태프들에게 전해진다고 생각하니 기분이 좋을 수밖에 없었다.

밖은 시베리안 벌판 저리 가라 할 정도로 춥고 매서운 겨울이었지만 작업실과 우리의
몸과 마음만은 따뜻한 봄날에 핀 벚꽃처럼 화사하기만 했다. 바라보기만 해도 기분 좋
은 만개한 벚꽃 말이다.

작업 당일 이른 아침부터 나와 작업을 시작해야 했지만 무릎까지 쌓인 눈을 보고 나니
차마 외면할 수 없어 영화 〈러브스토리〉 속의 한 장면처럼 놀았다. 그렇게 오후 내내 설
경을 만끽하고 저녁부터 다음날 새벽까지 엘우즈 양과 한바탕 씨름을 했다.

배송을 하루 앞두고 정말 서울에 한바탕 눈이 쏟아졌다. 정말 어마어마하게 쏟아졌다.
승합차를 이용한 택배 회사에 며칠 전에 예약을 했는데도 불구하고 눈이 너무 많이 왔
다는 이유로 배송기사들이 길이 미끄러워 출근하지 않았다는 말을 꺼내며 추가 택배 비
용과 배달을 못 갈 수도 있다는 말을 전했다.

'이런 맙소사…! 어찌하여 우리에게 시련을 안겨주시나이까….'

사정사정해 추가 비용을 지불하는데 합의하고 겨우 택배 차를 배정받아 어렵사리 배송
을 마쳤다. 차에서 잘못 내려 눈더미에 발이 걸려 하마터면 넘어질 뻔한 일도 생각난다.
정말 갑작스럽게 쏟아진 폭설 때문에 마치 며칠간 서울의 모든 시간이 천천히 흘러가는
듯한 그런 날이었다.

2AM 컵케이크

멋진 감각을 지닌 팬들의 특별한 선물, 2AM 컵케이크.
처음으로 팬들이 직접 찾아와 1시간 남짓한 긴 상의와 스케치 회의 끝에 탄생시킨 것이 이름하여 2AM 얼굴 컵케이크!
평소 가요 프로그램을 잘 안 보던 터라 그 당시 이 그룹의 이름은 알고 있었지만 멤버의 이름이나 생김새는 전혀 몰라 멤버들의 얼굴을 프린트해 작업한 기억이 난다.
사람의 얼굴을 직접적으로 처음 만드는 작업이었기에 조금은 어려운 작업 가운데 하나로 기억된다. 사람의 특징을 정확히 파악해 반죽으로 표현한다는 건 보기보다 꽤 어려운 작업이기 때문이다. 하지만 한편으로는 재밌고, 유쾌한 작업이었다.

뮤지컬 〈드림걸즈〉 컵케이크

배우 김승우 씨가 〈드림걸즈〉라는 뮤지컬에 출연할 때였다. 오직 그를 위해
준비한 팬들의 선물.

누군가가 나를 좋아하는 힘, 이 일을 하면서 처음으로 팬의 힘은 물론 '그들
을 향한 여러 사람의 애정은 정말 대단하구나'라는 걸 새삼 느낀다. 우리도
이 힘을 받아 뮤지컬 〈드림걸즈〉를 위한 컵케이크를 만들었다.

정말 무더위의 절정에서 주문을 받아 이른 아침 시간에 만들면 괜찮을 거라
고 생각했는데, 운반과 정리하는 도중에 얼마나 땀이 비 오듯 쏟아지던지….
팬클럽의 요청 때문에 우리의 쇼케이스는 하루 동안 케이크가 아닌 캔 커피
로 가득 차 있었는데, 이 캔커피가 재미난 에피소드를 만들어주었다. 어떤 손
님이 바깥 쪽으로 보이는 캔커피가 가득 찬 쇼케이스만 보고 슈퍼인 줄 알고
들어왔다가 아무 말 없이 후다닥 나간 것.

무더위와 싸워가며 어렵사리 완성한 컵케이크를 받아든 출연진과 스태프 모
두 뜻밖의 선물에 너무 행복해 했다는 이야기를 전해 들었다.

병든 소에게 산낙지를 먹이면 벌떡 일어난다지! 우리에게는 고객이 "컵케이
크를 받아들고 행복해 했다"라는 말을 전해 들으면 지쳐 쓰러져 있다가도
벌떡 일어날 만큼 기분이 좋아진다. 뿌잉뿌잉!

카 타 르 귀 족

동생이 전화를 받더니 작은 소리로 말한다.

"허~, 귀족이래?"

'뭐라는 거야, 이 뚱딴지같은 소리는?'

요즘 시대에 귀족이란 단어는 영화 속이나 만화책에서나 들을 단어인데, 대체 이게 무슨 소리래? 계속되는 동생과 주문자의 전화 통화. 그리고 여느 때보다 조심스러운 주문자의 목소리. 흡사 FBI에서 아무도 모르게 일을 처리하라고 지시하는 듯한 목소리 톤으로 비밀스러운 주문이 들어왔다. 주문자는 우리나라의 유명 항공사, 받으시는 분들이 모두 외국 사람이라면서 많은 것을 요구했다.

처음엔 주문을 듣고 꽤나 황당했다. 평범한 외국인이 아니라 카타르의 귀족이라니!

어감 자체가 왠지 느낌이 남달랐다. 어찌 됐든 디자인에 앞서 카타르라는 나라의 특성을 알기 위해 검색하고 나니 더욱 난감했다. 딱히, 뭐라고 특징을 잡기 어려운 그 무엇?

몇 번의 고민 끝에 내린 결론! 우리 스타일대로 만들자.

그날의 전화 통화는 지금 생각해도 유쾌한 웃음이 난다.

초 원 위 의 롤 리 팝 컵 케 이 크

이따금씩 우리는 컵케이크 놀이를 즐긴다. 세품을 만들다 님은 깁께
이크와 크림으로 나만의 컵케이크를 만들고 촬영하는 것.
만들다 남은 여러 색의 크림으로 샌딩하면 롤리팝 캔디처럼 의외로
예쁜 결을 가진 컵케이크가 탄생하기도 한다.
그러고는 바로 우리만의 즉흥 화보 촬영을 시작한다. 집으로 돌아가
는 길 한편에는 일명 우리들이 '대관령'이라고 부르는 넓디넓은 잔
디밭이 있는데 이곳은 오가는 사람이 적어 컵케이크 놀이를 하기
에 안성맞춤인 곳이다.
바로 그곳에서 촬영! 우리는 각기 다른 포즈를 취하면서 마치 영화
배우라도 된 것처럼 신이 나서 찍었다.
일명 '막 찍기 놀이!'
주연 컵케이크, 조연 용감자매.

남과 여

양복 입은 그 사나이

어느 댁 도련님인지는 모르지만 탐이 나는 사람이 있었다.

우리 손님은 거의 대부분이 여성이다. 그런데 건장한 남성분이 여자 친구를 위해 우리의 작업실을 직접 방문하셨으니 어찌 감동하지 않겠는가. 내가 나이만 좀 많았어도, 나에게 시집보낼 만한 딸만 있어도 사위를 삼고 싶을 만큼 매력적이고 멋진 20대의 남성이었다.

'아…, 남자도 저렇게 빛나 보일 수 있구나…'라는 걸 내게 일깨워준 네이비색 슈트가 유난히 잘 어울리던 남성 고객.

첫 만남은 트레이닝복에 군대에서 입었을 법한 야상 점퍼였는데, 그런 첫인상을 완전히 뒤엎은 그의 네이비색 슈트. 그날은 유난히 날씨도 좋았고 햇볕은 따스했으며, 그냥 벤치에 앉아 있기만 해도 마치 화보 속 모델 같은 분위기가 나는 로맨틱한 계절이었다.

그의 주문은 "귀여운 것을 좋아하는 예비 여자 친구를 위해 '큐트'하게 만들어주세요"였다. 그의 바람을 담아 귀여움을 콘셉트로 컵케이크를 만들어주었다.

'아~. 나도 저런 남자 친구가 있었으면 좋겠다.'

프러포즈 컵케이크

평범한 프러포즈를 거부한 사람.

프러포즈를 위한 컵케이크를 만들려니 떠오르는 단어는 딱 하나밖에 없었다.

로·맨·틱, 우리의 바람처럼 너무 로맨틱한 분위기의 컵케이크를 완성했다.

여자들은 로맨틱하고 예쁜 속옷만 바라봐도 좋은 법인데, 우리는 그냥 컵케이크만 보고 있어도 마냥 좋았다. 바라보고만 있어도 따뜻한 연인이었다.

사랑에는 다른 수식 어구가 필요하지 않다.

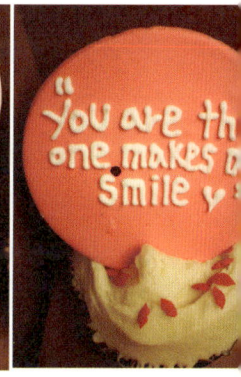

결 혼 후 프 러 포 즈

하루는 재미있는 의뢰가 들어왔다. 주문자는 남편, 바로 결혼 후에 하는 프러포즈 케이크를 부탁하는 것이었다. 제대로 된 프러포즈를 받지 못한 채 결혼한 부인이 너무 속상해 하는 모습이 안쓰러웠던 모양이다. 내심 너무 미안 했던 남편은 신혼 생활 3개월째에 접어들면서 정말 예쁘고 아름다운 케이크를 만들어 달라고 부탁했다.

며칠 후 프러포즈 케이크를 보고는 그가 남긴 한마디가 기억에 남는다.

"3개월 동안은 먹지 않고 냉장고에 보관만 해야겠어요."

너무 기쁘면서도 순간 당황스러웠다고나 할까?

우리 제품뿐만이 아니라 모든 슈거 케이크를 처음 본 사람들의 첫마디는 한결같다.

"아까워서 먹지 않고 보관해야겠어요!"

제품에 대한 리액션이 극히 드문 대부분의 남성 고객에 비해 그분은 저 한마디에 격렬한 반응과 리액션, 환호가 다 들어 있음을 느꼈다. 환한 웃음이 인상적인 그 고객, 언제나 행복하시길!

대 서 양 을 건 너 당 신 에 게

참 신기하고 감사한 일이다. 생각하면 생각할수록 신기하고 기분이 좋아진다. 이유는 국제 전화!
간간이 해외에서 연락이 온다. 한국에 있는 친구 또는 연인을 위한 케이크를 부탁하는 수화기 너머로 들리는 차분한
목소리. 물론 온라인상에 홈페이지가 있지만 어떻게 우리를 알고 연락해 오는지 여전히 감사하고, 신기할 뿐이다.
어렴풋이 우리끼리 장난 삼아 한 말도 기억에 남는다.
"우리도 드디어 글로벌 기업의 반열에 오르는 거야?!"
해외에서 유학 중인 남성 고객이 한국에 있는 여자 친구의 생일을 축하하기 위해 케이크를 의뢰했다. 더불어 꽃
다발까지! 원래는 계획에 없던 꽃다발이었지만 같이하면 좋을 것 같다는 고객의 의견을 반영해 만들게 됐다. 작업
실과 꽃 시장이 비교적 가까운 거리에 위치하고 있기에 싱싱하고 풍성한 꽃을 쉽게 구할 수 있었다.
여름인지라 꽃이 쉽게 시들 수 있어 배송 당일 이른 아침 시간에 꽃 시장을 찾았다.
여름의 꽃들은 참으로 곱다. 그중에서 유난히 나의 눈길을 끈 꽃은 풍성하고 소담스러운 수국. 대표적인 여름 꽃이
기도 하고, 여러 색이 함께 어울려 있어 참으로 예뻤다.
사랑하는 그녀에게 그의 마음이 그대로 전달됐기를 바라며….

웨딩 플라워 컵케이크

"그녀의 변신은 무죄예요."

그녀는 컵케이크, 컵케이크는 천변만화하는 매력을 지녔다. 그래서 더욱 매력적인 케이크로 보일 수밖에 없다. 평범한 크림 데커레이션에서 벗어나 꽃으로 거듭난 플라워 컵케이크.

우연히 잡지 화보에서 우리를 발견하고 사랑스러운 당신의 첫딸 결혼식 답례품으로 준비하고 싶다는 어머니께서 숍을 찾아 오셨다. 두 딸과 함께 들어선 그녀들의 어머니. 직접 작업실을 방문해서 케이크 콘셉트와 예비 신부인 큰딸의 의견을 조합해 예식장의 컬러 콘셉트인 레드에 맞춰 레드 계열의 플라워 컵케이크로 만들기로 했다.

우리 손으로 만든 플라워 컵케이크가 세상의 빛을 보는 건 처음인 터라 '정말 잘 만들어야지'라는 다짐과 함께 두 손을 불끈 쥐었다.

그렇게 여러 날이 지나고 케이크 만들기 일주일 전 부쩍 쌀쌀해진 날씨와 함께 갑작스럽게 찾아온 급성 허리디스크. 날씨가 궂으면 허리 통증이 찾아오긴 했지만 그때처럼 유난히 심한 통증은 처음이었다. 예전 같으면 물리 치료 한번 정도 받으면 나았을 통증이 이번에는 세 번의 치료를 받아도 나아질 기미가 보이지 않았다. 심지어 물리 치료를 받고나서는 한동안 허리를 세울 수 없을 정도였다. 난생처음 구경만 하던 '복대'라는 걸 차기도 했다.

다행히 꾸준한 물리 치료와 약물 치료 때문인지 답례품을 만들기 직전 완치됐다. 휴~, 통증이 조금 더 늦게 찾아왔다면 일을 어떻게 진행해야 했을지…! 생각만 해도 아찔하다.

이 답례품 컵케이크 작업은 하룻밤을 꼬박 새워서 작업해야만 했다. 이럴 때면 당연스레 우리에게 따라붙는 친구 같은 무엇이 있다.

바로 야식!

작업하는 동안 지친 우리는 배고픔과 졸음에 시달리다 편의점 삼각김밥을 통째 싹쓸이하듯 먹어 치워 버렸다. 몸에 좋은 건 아니지만 밤을 새서 작업해야 할 때는 어쩔 수 없는 선택이다. 야식을 거부하면 어지럽기도 하고 온몸이 쑤시는 몹쓸 증상이 나타나기 때문이다.

뉴욕에서 온 메시지

첫 눈 오 는 날 ! 웨 딩 애 프 터 파 티

기분 좋은 햇볕의 기운이 깊어가던 어느 가을날, 게시판에 글이 올라왔다.
한국에서 12월 초에 결혼식을 진행할 예정인데 애프터 파티 때 데커레이션할 컵케이크
가 필요하다는 것. 직접 찾아가서 이야기를 나누고 싶지만 현재 뉴욕에 거주하고 있어
앞으로도 메일로 모든 일을 진행해야 할 것 같다는 이야기 등이 적혀 있었다.
충분히 메일로도 모든 일이 가능했기에 원하는 콘셉트와 식이 진행되는 날짜와 시간을
받고 여유 있게 컵케이크 준비를 했다.
평범한 컵케이크보다는 신랑신부의 이니셜, 신부가 신랑에게 전하고 싶은 메시지, 그리
고 웨딩에 맞춘 사랑스러운 메시지, 도움을 준 고마운 친구들의 이니셜로 꾸민 메시지
컵케이크를 만들기로 했다.
아직도 생생하게 기억이 난다. 너무 추웠지만 그해의 첫눈이 오던 날 선상에서 펼쳐진
그녀의 결혼식이….
우리의 웨딩 컵케이크는 그녀의 애프터 파티를 화려하게 장식했다. 한참이 지난 후, 그
녀에게서 '고마웠다'는 메시지가 도착했다. 또 컵케이크에 대한 친구들의 호응이 너무 좋
아 행복했다는 글도 함께….
우리 또한 그녀가 잊지 않고 메시지를 남겨주어서 너무 행복했다. 간간이 찾아오는 이런
뜻밖의 소식에 우린 계속해서 이 자리에 있는 건지도 모르겠다.

이모님까지 이어진 인연

어느 날, 메일 한 통이 날아왔다.

정말 반가운 글! 지난겨울 웨딩 애프터 파티 때 글로만 만난 바로 그녀였다. 다시 뉴욕으로 돌아가 가족과 지내는데 이번에 이모님이 한국에 나오신단다. 본인이 직접 만드는 걸 배워보고 싶지만 사정상 어려워, 이모님이 대신 컵케이크를 배우실 거라며 잘 부탁 드린다는 메시지.

'와~, 어떻게 이렇게 연결돼 이런 인연까지 이어질 수 있을까?'

반가운 메일이었지만 솔직히 한편으로는 부담스럽기도 했다. 전 세계 트렌드의 중심지인 뉴욕인 만큼 유명한 베이커리 숍도 많은데 일부러 우리의 작업실까지 찾아와 배운다는 게 우리에게는 솔직히 부담 아닌 부담이었다.

아…, 이 울렁증!

나중에 안 사실이지만 그녀의 이모님은 세계 각국을 주기적으로 돌아다니며 힘없는 여성들을 위해 봉사를 하시는 듯했다. 또한 그녀의 직업은 뉴욕에서 활동하는 아티스트.

내게는 생소한 분야의 아티스트였는데, 그중 한 작품이 기억에 남는다. 학대 받은 여성의 사진들을 빛으로 쏴 여러 겹으로 쌓여 있는 천을 통과시켜 이전의 사진과는 또 다른 모습으로 형상화하는 그런 작품이었다. 학대 받는 여성을 주제로 한 그녀의 작품들은 특별한 의미를 지니고 있는 듯했다.

뉴욕으로 돌아가는 날짜가 정해져 있어 쉴 틈 없는 스파르타식 교육이었지만 재미있는 컵케이크 만들기 수업을 진행한 것 같다. 특별히 마지막 시간은 조카의 웨딩 애프터 파티를 장식한 컵케이크를 만드는 것으로 마무리했다. 그리고 궁금했지만 볼 수 없었던 그녀의 웨딩 애프터 파티에 쓰인 컵케이크 사진을 이모님을 통해 볼 수 있었다.

첫눈 오던 날 결혼식을 기다리는 그녀에게 보낸 웨딩 컵케이크

국보 엄마께 받은 과일 선물과 그녀의 고등학생 딸과 방송반을
위해 만든 컵케이크

국보엄마 소녀

어느 날, 수화기 너머로 들려오는 기분 좋은 목소리!

전화상으로 처음 뵙는 분인데 서로가 마치 오래전부터 알던 사이인 듯 기분 좋은 목소리로 우리를 맞아주었다. 그녀는 고등학생 자녀를 둔 어머니로 교내 방송부원인 딸의 부서원들에게 선물할 컵케이크를 의뢰했다. 며칠 후 우리는 어머니와 작업실에 만나기로 약속을 정했다.

겉모습은 40대의 평범한 어머니였지만 그녀의 주위에 풍기는 기분 좋은 오라(aura)는 그 어느 누구에게서나 느낄 수 없는 기분 좋은 다른 무언가가 있었다. 함께 같이 있기만 해도 덩달아 기분이 좋아지는 그 어떤 것 말이다.

고등학생을 둔 어머니인데도 그녀의 모든 행동과 말투는 소녀스러움, 그 자체였다. 알고 보니 오래전부터 블로그를 통해 우리를 알고 계셨단다.

워낙 작은 가게인지라 아는 사람은 많지 않아도 나름 마니아 층 고객은 있다고 자부하고 있었는데, 이 어머니가 그 귀한 마니아 고객일 줄이야!

당시 제철이 아니라 쉽게 먹을 수 없는 귤, 사과, 오렌지 등을 한 아름 선물로 준비해 오셔서 우리에게 건네주시는데 너무 감격하고 말았다. 정말 '놀람' 그 자체의 선물은 우리가 고객에게 처음으로 받은 것이라 더욱 당황스럽기까지 했다. 그 외에도 직접 만든 진저맨 카드와 열쇠고리 그리고 종이 우표 스티커까지 받고는 완전 연예인이 된 듯한 느낌마저 들었다. 선물도 선물이지만 우리를 알고 있는 그 누군가가 있다는 사실이 정말 감사할 따름이었다.

따뜻한 그분의 엄마 같은 마음에 왈칵 쏟아지는 눈물.

정말 가슴이 따뜻한 어머님이었다. 그녀를 보면서 엄마 생각도 많이 났고, 따뜻한 사람과의 만남이 오랜만이었던지라 더욱 기분이 좋았던 것 같다.

성인이 되고 난 후에는 삭막한 사회생활 속에서 나와 잘 맞는 좋은 사람을 만난다는 게 얼마나 어려운 일인가. 올해가 가기 전 맛난 디저트 만들어 다시 한 번 만나 뵙고 싶다.

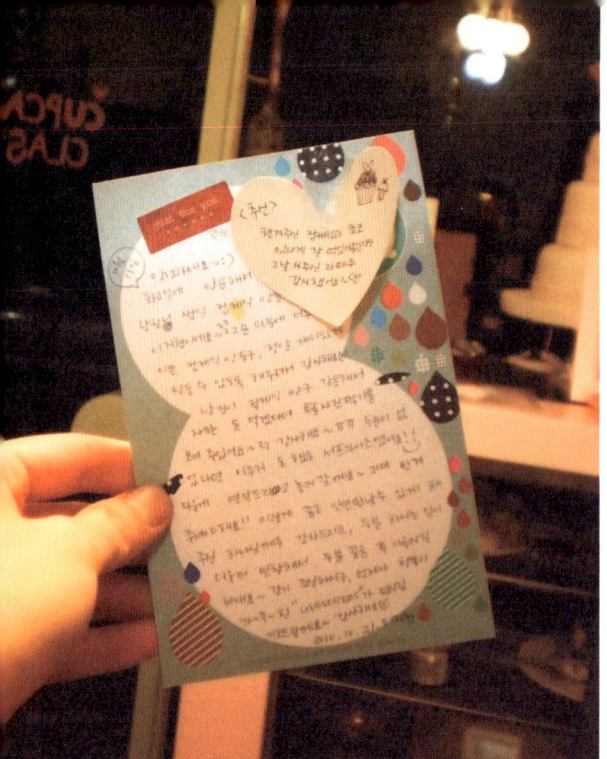

엽 서 선 물

지현이, 원데이 클래스로 만난 친구다.

일본에서 오랫동안 공부한 실력 있는 친구로, 일어는 기본이며 채식 음식과 베이킹을 전문적으로 공부한 다재다능한 사람. 재주도 참 많지! 사람을 많이 만나는 직업이다 보니, 보통 이야기 몇 마디를 나눠보면 상대의 느낌이 저절로 전해진다. 지현이는 정말 따뜻한 마음을 가졌으며, 집에서도 간간이 베이킹을 한다더니 역시 경험이 있어서 습득하는 속도도 빨랐다. 한참 후에 언니와 다시 한 번 방문해 부모님을 위한 결혼기념일 컵케이크를 만들어 갔는데 데커레이션 아이디어가 남달랐던 기억이 난다. 미화 달러 그림을 그려넣은 컵케이크는 정말 압권이었다.

수업을 끝내고 대화를 나누면서 한참 뒤에야 지현이가 엽서를 보냈다는 사실을 알았다. 사실 우편함을 잘 확인하지 않는지라 지현이가 말해주지 않았다면 정말 한참 뒤에나 알 수 있었을 고마운 엽서였다. 요즘처럼 하루하루 빠른 것만이 최고라 추구하는 시대에 아날로그 시대의 엽서를 누가 받아볼 수 있겠는가?

'감격스럽다…'라는 말은 이럴 때 쓰는 건가 보구나 싶었다. 가끔은 사람 사이의 정이 살아 있는 아날로그 시대가 그립기도 하다.

꺄~! 완소 그녀

우리 멋대로 붙인 그녀의 닉네임은 '완소 그녀'다.

여자인 내가 봐도 참 사랑스러운 여인. 평범한 손님과 케이크 숍 주인
으로 만났지만 지금은 친구 같은 사이로 지내고 있다. 먼저 마음을 열
고 친근감 있게 다가온 그녀, 퇴근길에 우연히 들르기도 하고 수다 없
이는 못 사는 우리들과 몇 시간씩 수다를 떨며 그렇게 지내곤 했다. 그
런 그녀가 어느 날인가 불쑥 "언니, 내가 요즘 베이킹 책을 보고 있는데
언니들에게 도움이 될 것 같아요. 나중에 가지고 올게요!"라고 이야기
하는 것이었다.

나 역시 찌든 사회에 물들어 살았나? 그냥 지나가는 소리로 하는 말이겠
거니 하며 흘려들었는데 며칠 후 정말로 그녀가 몇 권의 책을 들고 찾아
왔다.

입이 떡 벌어질 정도로 많은 정보가 가득 들어 있는 그녀의 책들. 그녀와
이런 인연으로 만나게 된 것이 고마울 뿐이었다.

개인적으로 우리에게 참 많은 도움을 준 그녀, 연말이면 정기적으로 장
애우들에게 선물할 컵케이크와 옷가지들을 준비해 봉사활동 떠나는 그
녀. 여자인 우리가 봐도 지성미를 고루 갖춘 정말 탐나는 여인이다.

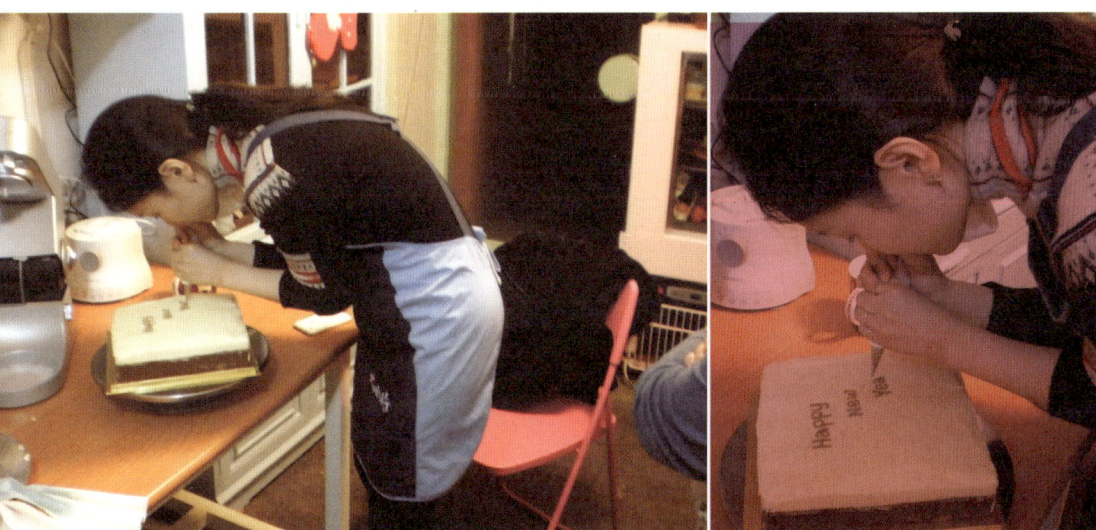

⚊ 달콤 쌉싸름한 에피소드

브랜드와
작업하다

의류 브랜드 론칭 행사

우연치 않은 기회에 잡지사와 함께 의류 브랜드 망고 매장에서 행사를 진행하게 됐다. 우리를 보다 많은 소비자에게 알릴 수 있는 좋은 기회인데, 내가 평소 생각해오던 미디어 관련 행사였기에 흡족한 마음으로 행사를 맡았다.

이런 론칭 쇼는 일반 소비자가 찾아오기도 하지만 대한민국의 내로라하는 잡지사의 담당 에디터들이 참석해 여러 가지 아이템을 눈여겨보는 곳이기도 하다. 이렇게 멋진 의상이 천지인 의류 매장에서 누가 컵케이크 케이터링을 할 거라 생각했겠는가.

얼마나 걱정스러웠던지 매장 수석 매니저는 옷에 크림이 묻지 않도록 신신당부를 했다. 작업실에서 미리 구운 빵에 크림 샌딩과 데커레이션은 매장 안에서 즉석에서 해결하기로 했다. 200여 개의 미니 컵케이크 진열 작업과 작업실에서 가져온 몇 가지 슈거 케이크를 세팅하니 그렇게 빛나고 예뻐 보일 수가 없었다.

행사 시작 전, 잡지 한 귀퉁이에 조그마하게 실릴 사진 몇 컷을 찍히고 가만히 구경하고 있는데 누군가 뒤에서 톡톡 치며 물었다.

"우리 매장 사원 가운데 한 명이 오늘 생일인데 여기에서 매장 식구들 단체 사진을 찍을 수 없을까요?"

맘껏 찍으시라고 하니 20여 명쯤 되는 직원이 컵케이크를 배경으로 다양한 포즈로 단체 사진을 재미나게 찍었다. 행사 후 여분으로 가져간 컵케이크가 있어 생일인 직원에게 전달해주고, 우리는 우리 나름대로 포토 존에서 사진을 찍으며 그날을 맘껏 즐겼다.

이날 이후 우리는 행사장에서 뵐 수 있는 몇몇 업체 담당자와 종종 인사하는 사이가 됐고, 또 다른 잡지사와도 인연을 맺게 됐다. 우린 더디게나마 조금씩 진정으로 사회구성원이 돼가고 있음을 느낀다. 그날 론칭 쇼에서 동생과 서로 얼굴을 마주 보며 신기해 했다. 잡지 속에서나 만나던 브랜드 담당자의 명함을 받았으니까.

"와~, 명함이다!"

우리의 첫 잡지 화보

동생은 분야를 막론하고 관심사가 많아 서점에 자주 다닌다. 그에 반해 나는 뒤늦게 그 참맛을 알게 된 사람이다. 서점은 우리가 같이 하는 공통적인 취미 가운데 하나다. 서점에 들어서면 서로 맘에 드는 책을 챙겨 사람이 드문 곳에 철퍼덕 퍼질러 앉아 몇 시간이든 읽고 돌아오곤 한다.

서점은 우리가 어른이 돼서 발견한 첫 번째 놀이터 같은 곳이다.

그러던 어느 날, 우리가 서점에서 늘상 봐오던 모 잡지사에서 우리의 컵케이크가 필요하다는 연락을 받았다.

"와~, 우리에게도 이런 기회가 생기다니…!"

화보 시안은 웨딩 컵케이크. 첫 작업이라 어려운 줄 모르고 무대포 정신으로 마냥 즐겁고, 또 즐겁게 작업한 기억밖에 들지 않았다.

하지만 막상 잡지에 실린 화보를 보니 아이러니하게도 '최고'라고 생각한 컵케이크 디자인은 들러리로 서 있고, 마지막에 은근슬쩍 만들어 올린 컵케이크가 첫 페이지에 자리한 걸 보고는 의아할 수밖에 없었다. 그저 어안이 벙벙한 느낌밖에 들지 않았다.

내가 보는 눈과 다른 이들이 다른 각도로 보는 눈은 다른가 보다. 많이 배우고, 많이 생각하고, 다양한 시도를 해본 유쾌한 경험이었다.

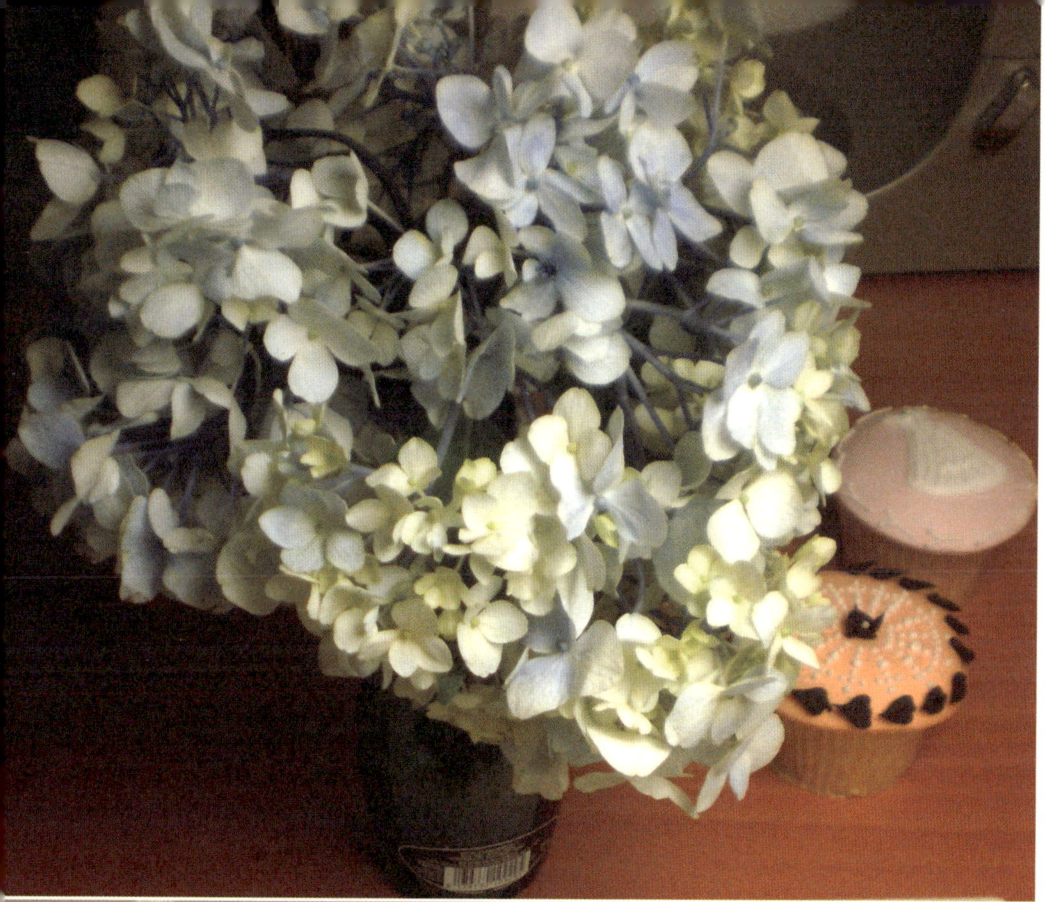

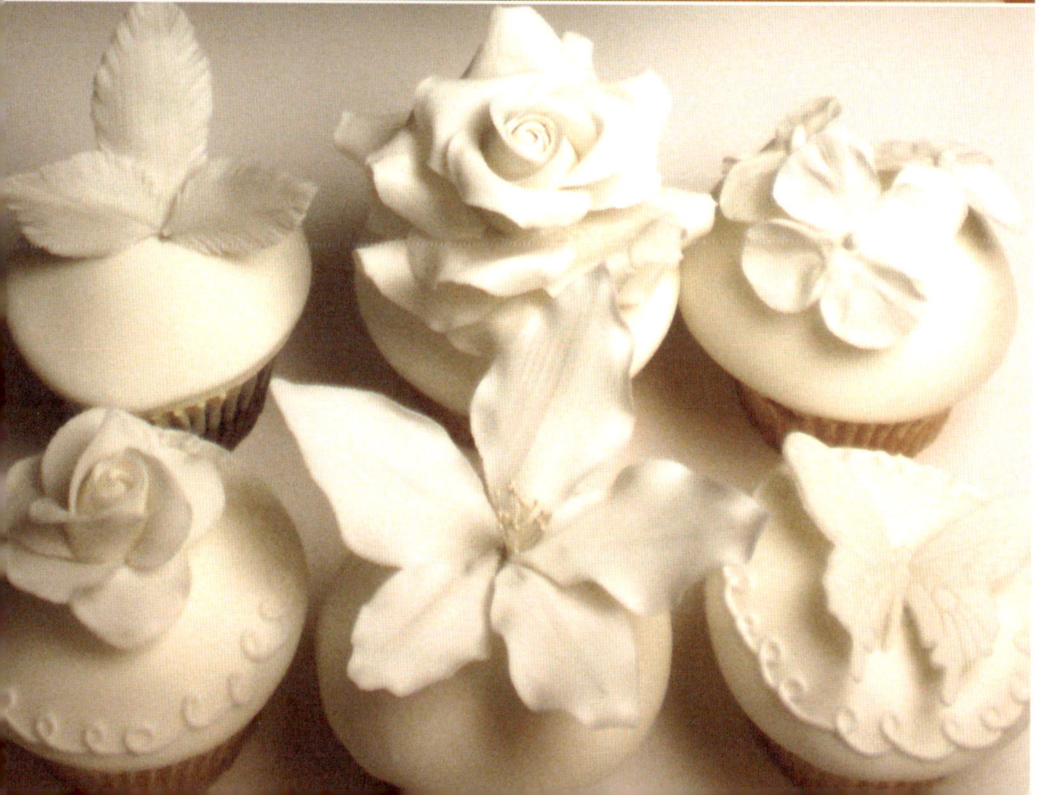

외국 화장품 브랜드 신제품 론칭 컵케이크

우리는 먹는 것을 다루는 직업인 만큼, 평소 화장과는 친분이 없는 편이다. 스킨케어는 바르지만 색조 화장은 거의 하지 않는 편. 하루의 절반 이상을 작업실에서 보내다 보니 화장을 해야 할 필요성도 느낄 수 없다.

그러던 중 외국의 한 유명 화장품 업체에서 신제품 론칭 콘셉트에 맞춘 컵케이크를 제작하고 싶다는 연락을 해왔다. 연락을 받은 후 궁금한 마음에 그 회사의 홈페이지를 방문했다. 너무나 화사하고 누구나 갖고 싶을 정도로 예쁜 패키지를 자랑하는 화장품 브랜드였다. 그렇게 홈페이지를 찬찬히 들여다보다 우리와 공통점을 찾게 된 나는 입가에 미소를 지을 수밖에 없었다.

화장품 브랜드의 CEO가 우리처럼 '자매'라는 걸 발견한 거다. 역시 지구상의 모든 자매는 용감한 법인가. 내게 신세계를 보여준 자매 화장품과의 첫 번째 만남이었다. 며칠 후 우리는 즐겁고 설레는 마음 한편에 약간의 두려움을 안고 담당자와 미팅을 시작했다. 컵케이크의 디자인은 물론 다양한 종류와 맛 그리고 여러 가지 조건을 충족해야 하는 깨나 까다로운 컵케이크를 탄생시켜야만 했다.

우리는 여러 가지 테스트 결과에 맞춰 11가지의 컵케이크 시안을 가지고 본사를 방문했다. 몇 가지 고쳤으면 하는 점이 발견됐는데 그중 한 가지가 컵케이크의 베이스가 약간 더 부드러웠으면 한다는 주문이었다. 우리가 계속 고수해온 컵케이크의 베이스를 당장 고치라니…!

촉박한 일정에 당장 새로운 컵케이크의 베이스를 만들자니 여간 마음이 찜찜할 수밖에 없었다. 그래서 고민한 결과 '그래, 원래의 레서피에 우유의 양을 좀 더 늘려보자. 아니면 달걀 거품을 더 풍성하게 내든가…?'로 결론을 냈다.

의외의 이 단순한 생각으로 우리는 꽤 부드러운 새로운 컵케이크 베이스를 만들어낼 수 있었다. 나중에 안 사실이지만 이 컵케이크들은 국내 유명 잡지사에 고스란히 전달됐다고 한다. 베이킹에 종사하지만 미디어 쪽에도 관심을 가지고 있는 나로서는 의외의 홍보를 하게 된 좋은 기회였다.

Halloween Party Cupcake

예전에 함께 작업한 적이 있는 잡지사의 에디터가 새로운 잡지를 창간한다며 연락을 해왔다. 청소년을 위한 잡지인데 창간호 칼럼에 실을 핼러윈데이 콘셉트에 맞는 컵케이크를 부탁해오셨다. 평상시에 재미있는 콘셉트라고 생각하던 핼러윈데이인지라 선뜻 받아들이고 작업을 시작했다.

귀여운 망토를 뒤집어쓴 컵케이크 귀신. 약간 섬뜩한 느낌이 드는 처녀귀신을 만들고 싶었으나, 나의 눈에는 그저 귀엽게만 보인 아이싱 처녀귀신 컵케이크.

조금은 으스스한 느낌이 들기도 한 컵케이크이지만, 내게는 정말 앙증맞고 사랑스러운 핼러윈파티(Halloween party) 컵케이크 작업이었다.

안 하면 안 돼요?

우리가 'LOVE SISTERS'의 이름표를 달고 맞이하는 첫 번째 크리스마스. 연말이 다가올 무렵이면 늘 크리스마스에 대한 설렘과 기대 때문에 더욱 행복한 기분이 드는 것 같다.

크리스마스라는 이름은 듣기만 해도 마음이 충만해지는, 삭막한 겨울의 함박눈 같은 선물과도 같은 존재. 매년 크리스마스를 맞이하기 전날까지 캐럴을 틀어 놓으며 여유롭게 기다리던 우리였는데….

2009년 겨울의 크리스마스는 너무도 달랐다. 케이크 숍을 열고 맞이하는 첫 번째 크리스마스 시즌. 조금 과욕을 부려 우리 두 명이 작업할 수 있는 양을 약간 초과해 작업하던 때였다.

그리고 우연한 기회에 크리스마스 빵을 주제로 방송 촬영을 하게 됐는데, 당시엔 선뜻 촬영에 동참하겠다고 약속했지만 갑자기 알 수 없는 두려움이 밀려들었다. 크리스마스 시즌을 눈앞에 두고 주문은 계속 밀려들어오고, 갑작스럽게 밀려든 주문 때문에 체력이 바닥난 우리는 정말 울고 싶은 지경이었다. 방송 촬영과 크리스마스 주문 모두 완벽하게 해낼 수 없을 것만 같았다.

처음 겪는 크리스마스 시즌 주문에 너무 힘들어 서로 울먹거리며 결론을 내렸다. 급기야 방송사 구성작가에게 전화를 걸어 "촬영하기 어렵다"라는 의사를 전했다. 하지만 의외로 너무나 침착한 작가는 친절한 설명과 함께 우리를 다독여주었다. 그 마음 씀씀이에 우리는 다시 작업하는 쪽으로 가닥을 잡았다.

유난히도 추웠던 그해 겨울은 여러 사람과의 만남이 있었고, 우리에게는 다소 생소한 또 다른 세계를 접하게 된 크리스마스의 선물 같은 해였다.

비운의 크리스마스 미니 컵케이크

1년 전 잡지 촬영 때 필요하다며 크리스마스 미니 컵케이크를 의뢰받은 적이 있다. 하루 전날도 아니고, 촬영 당일 몇 시간 전에 긴급하게 주문받은 크리스마스 미니 컵케이크. 정말 짧은 시간에 만든 미니 컵케이크치고는 상당히 분위기 있는 컵케이크가 탄생해 나름 기뻐한 기억이 난다.

그렇게 컵케이크를 잡지사에 보내고 몇 달을 기다렸지만 결과물이 실려 있는 잡지가 작업실에 도착하지 않았다. 너무 궁금했던 우리는 직접 서점에서 그 잡지를 찾아봤다. 해당 잡지를 샅샅이 뒤졌지만 어디에서도 우리의 컵케이크는 보이지 않았다. 이게 어찌된 영문인가 싶어 전화를 걸어볼까 했지만 또 다른 이유가 있겠지 싶어 마음속에 묻어두고 지나고 말았다. 나중에 다시 그 잡지사에서 연락이 와 전화 통화를 하며 알게 된 사실. 책상 위에 있던 컵케이크 상자를 때마침 청소하시던 아주머니가 실수로 떨어뜨렸다는 것이다. 이것이 정말인지 진실은 알 수 없지만 그럼 문자나 전화라도 해줬음 덜 서운했으련만…! 그러더니 그 잡지사는 우리에게 또다시 컵케이크를 의뢰했고, 이메일로 작업 시안을 보내주기로 했음에도 이번 약속 또한 전화 한 통 없이 그냥 지나쳤다. 이것도 엄연한 약속인데…. 상대방에게 신뢰를 심어주지 못하고 일방적으로 자신들의 필요에 의해서만 행동을 취하는 것 같아 너무 화가 났다.

정말 마음 한구석에 깊게 패인 상처 자국을 남긴 마음 아픈 크리스마스 작업이었다.

케이크에 관한
소소한 이야기

그대의 이름은 그레이트 마징가!

곧 있으면 7살이 되는 아들을 위해 아이 어머니가 특별히 부탁한 로봇 케이크. 우리가 평상시 흔히 접하지 못한 로봇이라니! 딸만 둘인 집안에서 어릴 적에도 공주 인형만 가지고 놀던 우리이다 보니 이 로봇 케이크를 의뢰받고 조금 난감했다. 샘플을 만드느라 몇 개의 로봇을 망쳤는지 모른다.

로봇 특유의 강철 같은 골격과 자로 잰 듯한 각선미! 그래도 우리 자매표 로봇 케이크는 참으로 귀엽고 예뻤다. 훌쩍 큰 키 때문에 작업실 냉장고를 통째 하룻밤동안 전세 낸 에피소드까지….

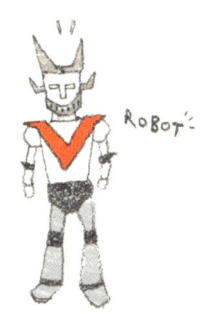

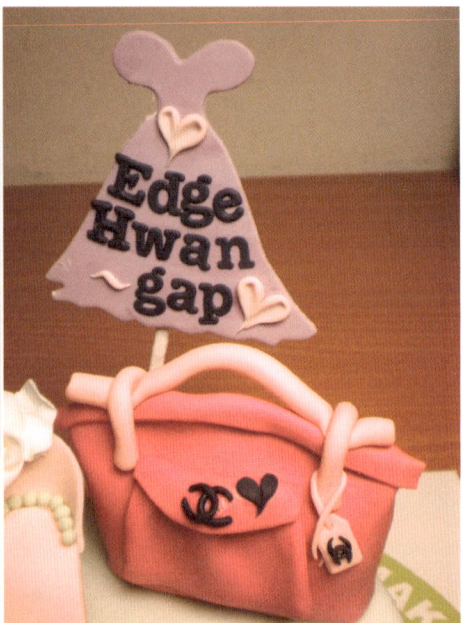

언제나 소녀 감성, 엄마를 위한 환갑 케이크

엄마와 딸! 엄마와 딸은 평생 친구 같은, 존재만으로도 위안이 되는, 그리고 부담 없이 서로에게
아낌없이 조언해줄 수 있는, 세상에서 제일 가깝고 눈빛만 보아도 알 수 있는 지구상에서 제일 사
랑스러운 관계라고 생각한다.

의뢰인인 딸이 어느덧 환갑을 맞이한 엄마를 위해 자칫하면 우울해질 법한 날, 소녀적 감성을 더
오래 간직하실 수 있게 해드리고 싶다며 환갑 케이크를 부탁해왔다.

나는 이 세상 모든 어머니에게 이렇게 외치고 싶다!

"엄마, 나이는 숫자에 불과해. 환갑은 오히려 더욱 아름다워지는 나이인 것 같아. 정말 아름다워!"

언제나 소녀같은 감성이 넘쳐흐르는 이 세상 모든 '엄마'에게 드리고 싶다.

곧 태어날 조카를 위한 가족의 선물, 베이비샤워 케이크

우리와 그분과의 첫 만남은 수개월 전의 전화 한 통이었다. 처음에는 클래스 문의로 시작했지만 회사와의 거리가 멀어 상담으로만 끝난 평범한 인연이었다. 수개월이 흐른 후 연결된 두 번째 통화. 비록 전화 통화였지만 또렷하게 기억에 남는 분이었다.
해외에 살고 있는 동생과 곧 태어날 아기를 위해 온 가족이 축하 선물을 계획하고 있다는 것이었다. 모두가 마음을 모아 곧 태어날 아기를 위해 축하 파티를 계획하는 따뜻한 가족, 그리고 임신한 동생에게 깜짝 선물로 전달할 베이비샤워 케이크 의뢰였다.
그 마음 따뜻한 가족과 아기의 첫 만남은 어땠을까?

나
변하다

나는 무언가에 한번 푹 빠지면 오로지 그것만 바라보는 성격을 지녔다.

컵케이크! 요 앙큼하고 깜찍하며 사랑스러운 것이 내가 살아온 동안 몇 안 되는, 나조차도 믿기 힘들 만큼 열심히 공부하게 한 장본인이다.

난 워낙 부지런함과는 담 쌓고 지내는 성격에, 매사 일 처리를 하는 데도 열에 아홉은 닥쳐야만 후다닥 해치우는 사람 중 한 명일뿐이었다. 하지만 요 손바닥만 한 작고 평범한 컵케이크로 인해 조금 더 부지런해지고, 더 많은 색다른 생각을 할 수 있게 됐다. 또 '내 안에 이런 재능이 있었구나…'라고 느낄 만큼 내면의 다른 모습을 발견하는 계기도 됐다. 나조차도 깜짝 놀랄 만큼 말이다.

아기자기함과는 남극과 북극의 거리만큼이나 끔찍한 거리 차이가 있는 나라고 생각했는데, 이 평범한 컵케이크가 내 손안으로 파고들 때면 나도 모르게 아기자기한 색깔의 옷으로 색칠해 버리곤 한다.

어떤 일이든 요령껏 잘도 미루기만 하던 내가 스스로 정보를 찾고, 쉬지 않고 열심히 공부도 했다. 처음엔 정말 날 힘들게 했지만 지금은 내가 꼬부랑 할머니가 돼서도 요 아이와의 인연은 쭉 친구처럼 함께하고 싶다.

때론 싸우기도 하고, 때론 위로 받기도 하면서…, 그냥 그렇게 지내고 싶다.

그만큼 내게 있어 컵케이크는 무척 소중한 존재이다. 게다가 무한한 애정과 신뢰의 대상이다. 훗날 내 손자 손녀들에게 컵케이크를 만들어주면 그 아이들은 나를 어떤 할머니로 기억해줄까? 로맨틱하고 예쁜 할머니로 기억해줄까? 이런 내 모습을 보며 내 사랑은 나를 어떻게 기억해줄까?

작고 평범한 케이크가 나를 조금씩 변화시켰다.

정말 놀라운 1%의 변화다.

✗ 달콤 쌉싸름한 에피소드

일상 이야기

작약과 누나 사랑, 그리고 추억

내게는 언제나 바라보기만 해도 피로 회복제처럼 절로 힘이 나는 그 무언가가 있다.

내게는 서로 눈을 맞추면 이유 없이 절로 미소가 지어지는 그 무언가가 있다.

때로는 나를 위로해주고, 때로는 화도 나게 하지만 나를 최고라고 생각해주는 지구상 최고의 생물체가 있다.

바로 강·아·지! 나는 강아지 2마리를 키운다. 언젠가부터 나만의 언어로 요 녀석들을 부르곤 하는데, 바로 '누나 사랑'이라는 닉네임이다. 두 마리 모두 숫놈이라 나를 '누나'라고 불러야겠고, 내 사랑들이다 보니 '사랑'이라고 이름 붙이게 됐다. 그렇게 탄생한 '누나 사랑.'

늦봄과 초여름이 시작되던 어느 날 찍은 사진이다. 언제라도 마음만 먹으면 갈 수 있는 꽃 시장에서 태어나 처음 마주한 핑크색 작약. 늦봄 어느 날, 작업실에서 누나 사랑과 함께 추억의 책갈피를 장식했다.

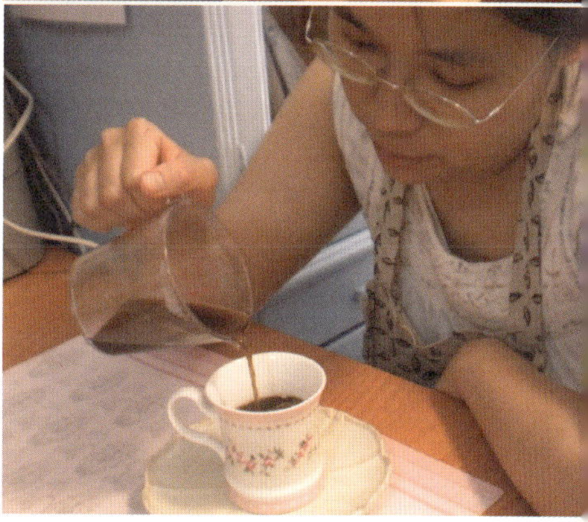

점심시간 그리고 내가 만드는 커피

제아무리 맛있는 아침을 먹어도 정확하게 배꼽시계가 울리는 점심시간. 하지만 우리 자매는 직장인들처럼 시간을 딱딱 맞춰 먹지 않는다. 내 공간에 부엌이 있기에 가능한 일이다. 냉장고에 간단한 재료만 있으면 그냥 '뚝딱'이다. 부지런하게 움직이는 날에는 집에서 몇 가지 재료를 챙겨 나오기도 한다. 마늘, 양파, 고추장, 들기름, 잡곡밥 등. 작업실 앞 좌판에서 할머니가 파는 봄에만 맛볼 수 있는 어린 보리순 1000원 어치를 사다 맨밥에 들기름과 고추장을 넣고 비벼 넘기도 한다. 또 어떤 날에는 작업실 귀퉁이에서 키우는 허브를 잘라 나만의 스파게티를 만들어 먹기도 하고, 또 다른 날에는 김, 밥, 우엉, 단무지만 가지고 손으로 둘둘 말아 아주 소박한 김밥을 만들어 먹기도 한다. 봄이면 아파트 뒷마당에 싱그러운 연둣빛을 뿜내는 통통한 우리 동네표 돌나물이 무성하게 자라곤 한다. 유일하게 내가 아는, 안전하게 봄에 채취해 먹을 수 있는 나물이다. 특히 비 오는 날 돌나물 밭에 가보면 싱싱하고 통통하고 살이 오른 것이 그렇게 예뻐 보일 수가 없다.

그리고 후식으로 자주 마시는 커피.

깜박하고 집에서 커피를 준비하지 않고 작업실에 나온 날이었다. 고심 끝에 주위에 있는 물건을 이용해 커피를 만들기로 했는데…, 무명천 위에 원두를 올리고 그 위에 뜨거운 물을 붓는 방법. 막상 이렇게 내려 먹으니 아주 괜찮은 커피를 얻을 수 있어서 지금도 가끔 해먹는 한 방법이다. 가끔은 라테도 쉽게 만들어 먹는데, 거품기가 없어도 손쉽게 얻을 수 있는 우유 거품 만드는 방법이 있다.

우유를 약간 따뜻하게 데운 다음 재빨리 손 거품기로 거품을 만드는 것이다. 이때 손 거품기 2개를 이용하면 더 빨리, 더 풍성한 우유 거품을 만들 수 있다. 비록 커피 전문점의 오밀조밀한 우유 거품을 기대할 수는 없지만 나름대로 마음에 드는 우유 거품을 듬뿍 얻을 수 있다.

손맛

이 세상에서 제일 맛있는 음식은?

엄마, 아빠가 만든 음식!

난 이 세상에서 제일 맛있는 음식은 엄마, 아빠의 손맛이 들어가 있는 음식이라고 생각한다.

그렇다고 엄마, 아빠가 표준백과 수준으로 모든 음식의 계량을 정확하게 척척 하는 것도 아니다. 단 한 가지, 당신들의 매서운 눈빛 계량. 말 그대로 당신들의 느낌대로 자유로이 만드는 것이다. 솔직히 맛이 약간 밍밍해도, 간이 좀 맞지 않아도 너무나 맛있다.

식빵? 그것 또한 우리 부모님께는 간단한 음식이었던 모양이다. 그 당시 우리 집에 빵 제조기가 있었기에 밀가루와 우유, 이스트만 있으면 금세 따끈한 식빵이 만들어지곤 했다. 딸기식빵이 먹고 싶다 하면 딸기우유를 넣어 만들어주셨고, 초코식빵이 먹고 싶다 하면 초코우유를 넣어 간단히 만들어주시곤 했다.

내가 베이킹을 하면서 느낀 것이 한 가지 있다. 핵가족이 사회의 중심을 이루면서 주말에나 한데 모여 겨우 한 끼 식사를 할 수 있는 요즘에는 아이와 엄마, 아빠가 집에서 함께 베이킹을 하면 서로를 따뜻하게 느낄 수 있는 소통의 도구가 될 수 있다는 점이다. 베이킹을 한다고 해서 재료의 정확한 계량 따위는 필요 없다.

여기서 잠깐! 대한민국 사람의 특징은 뭐든지 정확하다는 점이다. 몇몇 분을 만나 대화를 나눠본 결과, 당신이 그 무엇을 어떻게 만들든지 남과 똑같이 나와야 하고 조금이라도 결과물이 다르게 나오면 그것은 무조건 실패라고 생각한다는 점이다.

난 이것이 꼭 아킬레스건처럼 보인다. 모두들 '1+1=2'가 나와야 한다고 생각하는 것처럼 말이다. 때에 따라 다른 답이 나올 수 있는데, 모두 똑같이 정확한 답만 따라가려고 한다. 난 이것이 베이킹이든 그 어떤 것이든 우리의 발목을 잡는 아킬레스건이 될 수 있다고 생각한다.

솔직히 계량기 따위가 없어도 손쉽게 과자를 만들 수 있다. 수제비 반죽을 얇게 밀어 오븐에 굽거나 기름에 바삭하게 튀겨 그 위에 꿀 같은 달달한 시럽을 뿌리고 통깨를 솔솔 뿌리면 세상에 이렇게 맛있는 과자가 또 있을까 싶을 만큼 별미다. 이처럼 정확한 계량이 없어도 우리는 생활 속에서 응용할 수 있는 방법에 대해 이미 알고 있다. 밀가루에 알레르기 반응을 보인다면 다른 가루로 대체하면 된다. 통밀가루, 보리가루, 메밀가루 등 내게 맞는 곡물가루로 대체하면 된다. 또 우유가 싫으면 두유로 대체하면 되고….

붉은색이 매력적인 레드벨벳이 먹고 싶은데 빨간 색소가 맘에 걸리면 비트(서양의 빨간 무)즙을 넣어 천연 색소를 만들면 된다. 온갖 첨가물로 뒤범벅된 간식의 천국에서 건강한 나만의 간식을 만든다는 건 참 재미있고 스릴 있다.

맛있는 건 멀리 있는 것이 아니다.

먹 을 거 리 이 야 기

어머니의 영향이 큰 탓인지 우리 자매는 유난히 먹을거리에 관심이 많다. 엄마의 식단 제한 때문에 어릴 적엔 친구들이 점심 도시락 반찬으로 싸온 소시지 반찬에 열렬히 환호하던 때도 있었다. 하지만 나이가 들수록 자연스레 자연식에 관심이 높아졌다. 또 가공식품을 사야 할 때에는 꼭 식품첨가물 표시를 보고 사는 버릇도 생겼다.

우리 자매가 세상에서 제일 좋아하는 쇼핑은 '식료품 쇼핑'이다. 백화점 지하 매장에 가면 세계 각국에서 수입해오는 식료품 재료가 무척 다양한데 한참 동안 꼼꼼히 구경하다 보면 몇 시간은 금세 지나가곤 한다.

매장 두 바퀴는 기본! 워낙 희귀한 제품과 식재료가 많기 때문에 베이킹을 공부하는 우리에게는 현장에서 공부하는 거나 마찬가지다.

특히 자연에서 얻는 재료를 좋아하는데 잘생기고 키가 큰 오이보다는 집에서 키운 몽당연필처럼 짧고 날씬한 오이가 얼마나 맛있는지 모른다. 집 앞 동산에서 얻을 수 있는 오디와 적당히 익어 땅에 떨어진 살구 맛은 둘이 먹다 하나가 죽어도 모를 만큼 기가 막히다.

일명 '핑크물'이라고 부르는 우리 자매만의 비밀 음료가 있다. 빨갛다 못해 진한 자줏빛을 띠는 '비트'로 만든 음료인데, 비트는 찜기에 쪄 먹으면 옥수수맛이 나는 몸에도 좋고 맛도 좋은 채소이다. 핑크물은 색도 참 예뻐서 어린아이들이 쉽게 먹을 수 있는 공주님을 위한 음료이다.

매혹적인 핑크물 만드는 법

1 찜기에 비트를 삶는다.
2 삶은 비트를 약간의 물과 함께 믹서에 곱게 간다.
3 믹서에 플레인 요구르트 1개와 두유 1 1/2컵을 넣고 ❷의 간 비트를 약간 넣어 돌린다. 여름에는 얼음과 같이 갈아서 먹으면 마치 슬러시를 먹는 듯하다.

계절 이야기

로맨틱한 봄.
밤하늘의 별이 쏟아져 내릴 것만 같은 여름.
보기만 해도 가슴 떨리는 가을.
크리스마스가 있어 더 따뜻한 겨울.
우리나라에서 태어난 것에 감사한다.

베이킹을 하다 보니 어쩔 수 없이 계절과 날씨의 영향을 많이 받는다. 내게 있어 베이킹 하기가 제일 괴로운 계절은 무조건 여름이다. 덥고, 습하고, 하염없이 내리쬐는 햇볕의 훼방에 작업이 힘들 때도 많다. 특히나 슈거크래프트는 습도에 많은 영향을 받기 때문이다. 물기에 굉장히 예민한데 설탕으로 만든 슈거 장식이 물을 빨아들이는 습성이 있어 장마철에는 무엇을 만들던지 에어컨과 제습기를 하루 종일 가동하지 않는 한 어느 하나 제대로 완성할 수 없다. 게다가 만들어둔 슈거크래프트 장식도 장마철이 다가오기 전에 철저하게 보관하지 않으면 자칫 하다가는 모두 폐기 처분해야 하는 상황까지 내몰리기도 한다.

비가 오면 습기를 빨아들이다가 날씨가 다시 맑아지면 마르기도 하는데, 이 과정을 몇 번 반복하고 나면 급기야 나중에는 장식물에 곰팡이가 생겨 모두 버려야 하는 안타까운 일도 왕왕 벌어지기 때문이다. 그럴 때면 얼마나 억울한지…! 그래서 장마철이면 플라스틱 밀폐 용기와 비닐봉지, 제습제는 우리의 필수품이다. 밀폐 용기에 제습제를 넣고 장식물을 넣어두면 제아무리 습기 천지인 장마철도 거뜬히 견딜 수 있다.

크림 작업 또한 그날의 기온이 높아지면 모양이 제대로 나오지 않는다. 나 역시 더운 날 작업을 해야 할 때 굉장히 많은 어려움을 겪는데 30℃가 넘는 여름날에는 어쩔 수 없이 에어컨을 가동시켜 작업을 해야만 한다. 한번은 크림 케이크를 잘 만들어 놓고 햇볕이 내리쬐는 테이블 위에 올려 놓고 아주 잠깐 판일을 봤는데, 그 짧은 시간에 크림이 녹아 있었다. 역시 여름에는 누구에게나 시원한 나무 그늘, 시원한 냉장고만큼 좋은 건 없는 것 같다.

71

클래스 이야기

"왜 컵케이크를 배우려고 하세요?"
수강을 원하는 이들에게 물어보면 여러 가지 답변이 돌아온다.
"창업을 위해서요."
"예전부터 관심이 많았어요."
"아이가 지금 3살인데 유치원에 가면 아무래도 엄마의 손재주가 필요할 것 같아서요. 미리 배워두는 거예요."
"확실하지는 않지만 먼 미래를 위해 준비하려고요."
이분들 너무 부럽다.
꿈을 꾸는 사람!
꿈을 이룬 사람은 이뤘다는 안도감에 젖어 머물게 마련이지만 꿈꾸는 사람은 그 꿈에 다가가기 위해 자신만의 설렘에 젖어 열심히 준비하기 때문이다. 아직 불확실하지만 보다 나은 미래를 위해, 자신의 꿈을 위해 한발 한발 다가가는 사람들은 모두 최고다!
어느 날 긴 생머리의 아름다운 한 여인이 찾아왔다. 컵케이크 체험을 하고 싶다며 일일 클래스를 신청한 그녀였다. 그녀는 요즘 젊은이들이 가장 선망하는 '카페 사장님'이었다.

얼마나 로맨틱한 풍경인가! 햇살이 쏟아지는 자신의 카페에서 출근하자마자 원두를 갈고 '응~' 하는 소리와 함께 커피머신을 돌릴 것이다. 그러고는 창문을 열어 남들이 감상할 수 없는 새의 지저귐도 여유롭게 듣겠지.

당사자가 아닌 나의 눈에는 그녀는 참 감성적인 생활을 하는 듯 보였다. 그녀의 속 이야기를 듣기 전까지는…. 정작 그녀는 전부터 자신이 바라고 원하던 일을 하고 있지만 지금은 몸과 마음이 너무 지쳤다는 것이다.

안타까웠다. 일을 즐기면서 하기엔 현실과의 괴리가 너무 큰 듯 보였다. 물론 나 또한 그런 이야기를 들으면서 공감을 느꼈다. 우린 둘이 함께 일하면서도 버겁고 힘들 때가 많은데, 모든 일을 혼자 해결해야 하는 그녀의 스트레스는 오죽 하겠나.

그녀에게는 휴식이 필요했다. 대부분의 사람은 자신이 열망하고 갈망하는 그 어떤 것이 곧 행복으로 가는 길이라고 생각한다. 하지만 그 속에 직접 들어가 부딪히기 전까지는 정작 어떤 것이 힘든 점인지 그 깊이를 전혀 알 수 없다. 너무 버겁고 힘들면 중간에 휴식도 취해줘야 한다. 나는 이렇게 그녀를 다독였다.

토닥토닥….

Chapter
02

SUGAR CAKE & CUP CAKE

슈거 & 컵케이크

슈거 케이크 말하기

sugar cake

예쁜 동화책 같은 케이크, 내 마음이 말랑말랑해지는 듯한 느낌!

이 넓은 지구상에서 인간의 손으로 표현해낼 수 있는 최고의 마법 같은 케이크, 영화 속에서나 볼 수 있는 마법을 지금 내 손으로 부릴 수 있답니다. 바로 케이크로요. 이것이 제가 본 슈거 케이크에 대한 첫인상입니다. 우리나라에서는 일반적으로 슈거 케이크로 불리지만, 정식 명칭은 '슈거크래프트(Sugar craft)'입니다. 설탕으로 공예를 한다는 뜻이지요.

묵직한 스펀지케이크나 파운드케이크를 준비해 버터크림을 바른 다음 설탕 반죽을 밀어 케이크 위에 덮어줍니다. 그리고 마무리로 설탕 반죽으로 만든 소품을 올려 꾸밉니다. 여기에 커터를 이용해 나의 이름을 붙일 수도 있고, 꽃을 만들어 꾸밀 수도 있습니다. 그뿐만 아니라 내가 좋아하는 만화영화의 캐릭터를 만들어서 꾸밀 수도 있어요. 모두 설탕 반죽으로 만든 것이기 때문에 하나도 남김없이 먹을 수 있습니다. 그 맛은? 당연히 주성분이 설탕이라 달콤하죠. 슈거 케이크를 먹을 때 '너무 달다'라고 느껴진다면 슈거 반죽을 걷어내고 드셔도 괜찮습니다. 많은 여성분이 케이크를 먹을 때 살찔까봐 크림은 걷어내고 먹잖아요. 그거랑 똑같아요.

이 책에 소개하는 슈거 케이크는 영국식 슈거 케이크로, 영국에서는 나이가 지긋한 할머니들이 이 설탕공예를 많이 즐긴답니다. 영국은 고혹적이면서도 우아한 스타일이 많고, 미국은 굉장히 화려하고 캐릭터적인 스타일이 많아요. 요즘은 우리나라에서도 제법 쉽게 접할 수 있는 케이크의 한 종류가 됐지만 슈거 케이크는 쉽고 아주 간단히 만들 수 있는 케이크는 아니에요. 그만큼 만드는 사람의 정성과 손길이 한번 더 가는 자식 같은 케이크죠. 케이크를 만든 다음 사람들 손에 들려보낼 때마다 꼭 딸을 시집보내는 것 같은 느낌을 받을 때가 많거든요. 그래서 작업할 때마다 매번 애착이 가는 그런 존재입니다.

이 슈거 케이크를 처음 접하는 분도 많으실 거고 한번쯤 만들어보고 싶었지만 방법을 몰라서 눈으로만 구경한 분들도 계실 거예요. 이 모든 분을 위해 슈거크래프트의 기초적인 과정부터 하나의 케이크를 완성하기까지의 전 과정을 정리했습니다. 케이크 만들기는 생각보다 어렵지 않아요. 즐기면서 하시면 돼요! 슈거크래프트를 시작하려고 생각하니 슬며시 미소가 지어지시나요? 그럼 당신은 진정한 베이커예요!

앗, 우리의 실수!

이 슈거 케이크는 하루 만에 후다닥 만들 수 있는 케이크는 아닙니다. 약간의 과정을 필요로 하거든요. 우선 반죽을 미리 만들어놔야 해요. 그리고 콘셉트를 정한 다음 장식을 미리 만들어둬야 훨씬 수월하답니다. 다른 무엇보다 팔 힘이 좋으면 금상첨화예요.

전 슈거 케이크를 만들면서 정말 많은 실수를 저질렀어요. 반죽이 너무 묽어서 버린 적도 많고, 반대로 반죽이 너무 딱딱해져서 물을 조금씩 부어가며 몇 시간씩 반죽만 치댄 적도 있답니다. 재료 계량을 잘못한 적도 있어요. 세상에, 슈거파우더 500g을 50g으로 계량해 눈덩이보다 더 작은 반죽을 만든 적도 있다니까요.

처음 만들 때에는 내 뜻대로 되지 않아 힘든 적도 많았습니다.

슈거크래프트에 대해 너무 무지한 제 자신이 죄인이었지요.

아직도 커버링을 할 때면 우리 자매는 성날 시끄럽습니다.

왜냐고요? 반죽이 찢어지면 정말 큰일이니까요. 그럴 때를 대비해서 커버링 반죽은 여분의 양을 더해 만들어 놓는 것도 좋습니다. 그리고 너무 얇게 밀어서도 안 돼요. 약간 도톰하게 만드는 것이 오히려 좋지요.

케이크를 만들 때면 여전히 시끄러운 우리 자매이지만 그래도 우리는 케이크를 만드는 이 시간이 참, 좋습니다.

기본 베이킹에
필요한 도구

베이킹을 할 때 필요한 기본적인 도구를 모아놓았어요.

01 전자저울 : 재료를 정확히 계량할 때 사용합니다. **02 컵케이크 베이킹 틀** : 머핀이나 컵케이크를 구울 때 사용합니다. **03 컵케이크 유산지** : 베이킹 틀 안에 넣고 머핀이나 컵케이크 반죽을 넣어 구울 때 사용합니다. 베이킹 틀에서 머핀이나 컵케이크를 분리하기도 좋고, 머핀이나 컵케이크를 보호하는 역할도 해요. **04 계량컵** : 재료의 양을 정확하게 계량할 때 사용합니다(1cup, 1/2cup, 1/3cup, 1/4cup 4종류가 있어요). **05 계량스푼** : 재료를 계량할 때 사용합니다(1TS, 1ts, 1/2ts, 1/4ts 4종류가 있어요). **06 스패튤러(작은 것)** : 컵케이크를 샌딩할 때 사용합니다. **07 고무 주걱** : 반죽을 남김없이 모을 때 사용합니다. **08 스패튤러(큰 것)** : 일반 케이크의 크림을 샌딩할 때 사용합니다. **09 거품기** : 달걀을 풀어 거품을 내거나 여러 가지 재료를 휘핑할 때 사용합니다. **10 유리볼** : 재료를 담아 놓을 때 사용합니다.

01 오븐 장갑 : 오븐 속의 뜨거운 케이크 틀이나 팬을 빼낼 때 사용해요. **02, 03, 04 컵케이크 유산지** : 여러 가지 사이즈의 컵케이크 유산지. 요즘은 다양한 디자인의 유산지도 수입되고 있어요. **05, 06, 07, 08 스프링클** : 여러 가지 모양과 색깔의 데커레이션 장식품. 먹어도 아무 맛을 느낄 수 없는 마법의 알약 같은 거예요. 없으면 허전하고 컵케이크를 꾸밀 때 위에 뿌리면 마법을 부린 것처럼 멋진 컵케이크가 만들어져요.

09 스탠드 믹서 : 많은 양의 반죽이나 손으로 하기 힘든 재료를 섞을 때 사용하면 좋아요

슈거 반죽 만들기

슈거 페이스트와 플라워 페이스트 이야기 & 레서피

케이크를 커버링할 때 사용하는 반죽인 슈거 페이스트와 꽃 장식 할 때 사용하는 반죽인 플라워 페이스트. 영국식 슈거 케이크를 만들 때 꼭 필요한 두 가지 설탕 반죽입니다.
두 반죽 모두 습도에 굉장히 민감해요. 습도가 높은 여름철에는 계량해 놓은 달걀흰자를 다 쓰지 않아도 반죽이 완성되기도 하지만 습도가 현저히 낮은 가을, 겨울철에는 계량해 놓은 달걀흰자를 다 넣어도 반죽의 상태가 좋지 않은 경우가 있어요. 이럴 때에는 달걀흰자를 좀 더 넣어 좋은 반죽 상태로 만들어줘야 해요. 습도에 따라 달걀흰자의 사용 양이 달라진다는 점 잊지 마세요.

만들기 전 알아두세요
1 반죽을 만들 때 스탠드 믹서로 만들면 편해요. 없을 경우에는 손으로 치대도 괜찮아요.
2 작업 전에는 손을 깨끗이 씻고 작업하세요. 반죽에 먼지가 묻을 수 있어요.
3 반죽을 만질 때에는 소량의 쇼트닝을 양손에 묻힌 다음 작업하세요. 그렇지 않으면 손에 반죽이 묻는답니다.
4 반죽을 만들 때 2배합, 3배합은 원재료×2, 원재료×3을 하라는 뜻입니다.

슈거 페이스트

슈거 페이스트는 주로 케이크를 커버링할 때 쓰는 반죽입니다. 촉감이 굉장히 말랑말랑하고, 숙성한 반죽의 단면을 잘라보면 꼭 마시멜로 같기도 합니다. 이 반죽은 만든 직후에 사용하는 게 아니라 실온에서 밀폐 용기에 담아 하루 정도 숙성한 뒤 사용할 수 있어요. 사용하기 하루 전날에 만들어 다음날 바로 사용하는 것이 좋아요. 숙성한 반죽이 너무 딱딱하면 조금씩 떼어 물로 치댄 다음 사용하면 돼요. 이렇게 하면 버리지 않고 사용할 수 있어요. 다만 약간의 팔 힘이 필요해요.

이런 재료를 준비하세요
슈거파우더 500g, 젤라틴 가루 12g, 물 35g, 물엿 80g, 쇼트닝 약 10g, 레몬주스 약간, 달걀흰자 1/2개 분량(날씨가 습할 경우 덜 넣어도 되고, 건조하면 다 넣어요. 습도에 따라 달라요.)

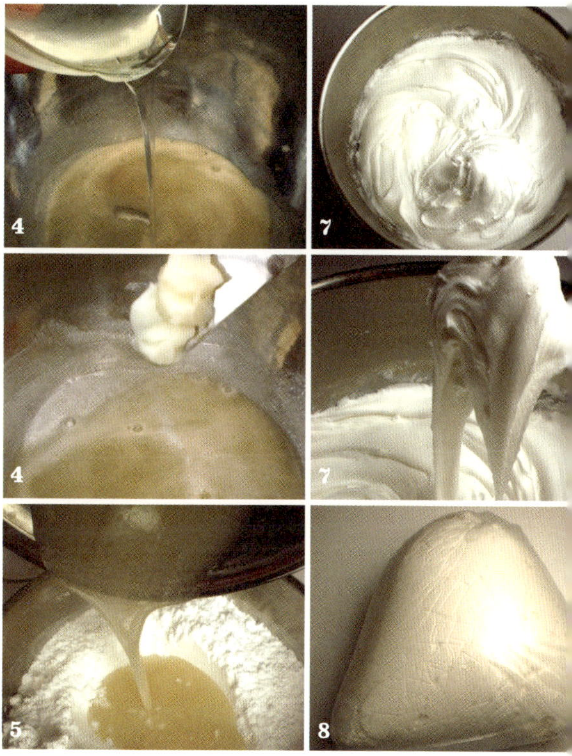

위 가루 젤라틴 모습

아래 가루 젤라틴+물이 혼합되
어 한 덩어리가 된 모습

이렇게 만드세요

1 스탠드 믹서를 준비한 다음 볼에 분량의 슈거파우더를 담는다.

2 다른 스틸 볼에 젤라틴 가루와 물을 섞는다. 약 5분 정도 두면 말랑말랑한 젤리처럼 변한다.

3 ❷의 불린 젤라틴을 중탕으로 녹인다.

4 ❸의 녹인 젤라틴에 물엿을 넣고 잘 섞은 뒤 소량의 쇼트닝을 함께 넣어 모든 재료가 고루 어우러질 때까지 중탕한다.

5 ❶의 슈거파우더가 담긴 볼에 ❹의 중탕한 젤라틴 혼합물을 재빨리 붓고 전기 믹서를 약한 속도로 돌린다.

6 ❺에 레몬주스와 달걀흰자를 넣고 믹서 속도를 조금씩 올린다.

7 스탠드 믹서를 사용해 ❻을 약 1분 정도 뽀얗고 하얀색이 날 때까지 저어 반죽을 만든다.

8 ❼의 완성한 반죽을 비닐봉지에 담은 다음 밀폐 용기에 넣어 약 하루 정도 실온에서 숙성한 뒤 사용한다.

┌ **알아두세요**

1 막 만든 반죽을 비닐봉지에 옮겨 담을 때에는 주걱과 손에 쇼트닝을 넉넉히 바른 후 만져야 코팅 역할을 해 반죽이 봉지에 들러붙지 않습니다.

2 슈거 페이스트 반죽은 마치 젤라토 아이스크림처럼 흐느적거리는 농도가 적당한 거예요.

플라워 페이스트

플라워 페이스트는 주로 꽃을 만들 때 사용하는 반죽이에요. 숙성한 반죽의 촉감이 굉장히 단단하고 힘이 느껴지죠. 처음에는 '반죽이 잘못 만들어진 건가?'라는 의문이 들기도 하지만 원래 단단한 반죽이니 안심하셔도 돼요. 하지만 꽃을 만들 때에는 양손에 소량의 쇼트닝을 바른 후 손으로 부드럽게 치대면서 사용해야 합니다. 이 반죽 역시 만든 직후 사용하는 것이 아니라 실온에서 밀폐 용기에 담아 하루 정도 숙성한 뒤 냉장고에 보관해두고 사용합니다.

이런 재료를 준비하세요

슈거파우더 500g, CMC가루 16g, 젤라틴 가루 12g, 물 35g, 물엿 50g, 쇼트닝 아주 조금, 레몬주스 약간, 달걀흰자 1/2개 분량(날씨가 습할 경우 덜 넣어도 되고, 건조하면 더 넣어요. 습도에 따라 달라요.)

이렇게 만드세요

1 스탠드 믹서를 준비한 다음 볼에 분량의 슈거파우더와 CMC가루를 함께 섞어둔다.
2 다른 스틸 볼에 젤라틴 가루와 물을 섞는다. 약 5분 정도 두면 말랑말랑한 젤리처럼 변한다.
3 ❷의 불린 젤라틴을 중탕으로 녹인다.
4 ❸의 녹인 젤라틴에 물엿을 넣고 잘 섞은 뒤 소량의 쇼트닝을 함께 넣어 모든 재료가 고루 어우러질 때까지 중탕한다.
5 ❶의 볼에 ❹의 중탕한 젤라틴 혼합물을 붓고 전기 믹서를 약한 속도로 돌린다.
6 ❺에 레몬주스와 달걀흰자를 넣고 믹서 속도를 조금씩 올린다.
7 전기 믹서를 사용해 ❻을 약 1분 정도 뽀얗고 하얀색이 날 때까지 저어 반죽을 만든다.
8 ❼의 완성한 반죽을 비닐봉지에 담은 다음 밀폐 용기에 넣어 약 하루 정도 실온에서 숙성한 뒤 사용한다.

알아두세요

1 막 만든 반죽을 비닐봉지에 옮겨 담을 때에는 주걱과 손에 쇼트닝을 넉넉히 바른 후 만져야 코팅 역할을 해 반죽이 봉지에 들러붙지 않습니다.
2 플라워 페이스트 반죽 농도는 슈거 페이스트 반죽의 농도보다 조금 더 묵직합니다.
3 CMC(카르복시메틸 셀룰로오스, Carboxymethyl Cellulose) 가루는 스펀지케이크의 수분 증발과 발효를 막는 식품 안정제입니다.
4 슈거 반죽으로 만든 모든 소품(꽃 장식, 곰돌이 인형 외)은 완성하고 나서 잘 말려 굳힌 뒤, 봄, 가을, 겨울철에는 실온 보관이 가능하지만 여름철(특히 장마철)에는 공기 중의 습도가 높아 망가지기 쉽습니다. 여름철에는 꼭 밀폐 용기에 물먹는 하마를 넣은 뒤 보관하세요.

● **설탕 접착제 만들기** | 커터로 찍은 글자나 무게가 있는 모델링을 붙일 때에는 반드시 풀이 필요해요. 먹는 케이크에 들어가는 것인 만큼 모두 먹을 수 있는 것을 사용합니다. ❶ 물 : 부피가 가볍고 얇은 반죽을 붙이는 데 쓰여요.(예 : 글자를 붙일 때) ❷ 아주 소량의 물과 슈거 페이스트를 적절히 섞은 다음 으깨서 만든 풀 : 부피가 무겁고 묵직한 반죽을 튼튼하게 붙이는 데 쓰여요. 단, 쓰고 난 후에는 반드시 비닐에 밀봉한 다음 사용하세요. 그렇지 않으면 공기와의 접촉 때문에 풀이 말라버려 쓰지 못하게 됩니다.(예 : 사람 모델링의 팔과 다리를 붙일 때)

물 : 슈거 페이스트 =1/2 : 1

설탕 접착제 만들기

● **모델링 반죽 만들기** | 슈거 케이크를 만들 때 장식으로 사람이나 인형 등을 만드는 걸 모델링이라고 해요. 모델링을 만들 때에는 슈거 페이스트와 플라워 페이스트 두 가지 반죽을 절반 분량씩 섞어서 만듭니다.

● **슈거 반죽 사용 방법** | ❶ 반죽은 필요한 만큼 조금씩 떼어내 사용하고, 남은 반죽은 꼭 비닐봉지에 밀봉한 뒤 사용하세요. 그렇지 않으면 반죽이 굳어져 쓸 수 없게 됩니다. 그리고 남은 반죽은 냉장고에 넣어두면 오래 쓸 수 있어요. ❷ 하루 동안 숙성한 반죽은 양손에 소량의 쇼트닝을 바른 후 밀가루 반죽을 치대듯 질감이 부드러워질 때까지 치댄 후 사용해야 합니다.

스펀지케이크 만들기 (슈거 케이크용)

원형 2호 사이즈 기준

Before　**After**

몇 년 전 슈거 케이크를 배우고 나서 내 손으로 이런 멋진 케이크를 만들었다는 사실에 스스로 엄청 대견해 한 적이 있어요. 그런데 제겐 정말 큰 문제가 있었어요. 바로 케이크를 구울 줄 몰랐거든요. 분명, 그때의 저와 비슷한 상황에 처한 분들이 있을 거라 생각하기에 슈거 케이크와 잘 어울릴 만한 스펀지 케이크를 소개합니다. 슈거크래프트에 사용하는 케이크는 달걀거품을 내서 만드는 가벼운 스펀지케이크가 아니라 약간은 무게감이 있는 케이크입니다. 슈거 케이크는 무게가 있는 반죽으로 커버링을 해야 하기 때문에 케이크가 너무 가벼우면 안 돼요. 꼭 잊지 마세요.

만들기 전 알아두세요

모든 오븐 기준 120℃ 예열

이런 재료를 준비하세요

버터 275g, 설탕 275g, 달걀 5개, 박력분 275g, 베이킹파우더 2작은술+1/2작은술+1/4작은술, 소금 1작은술, 우유 또는 물 1작은술

이렇게 만드세요

1 볼에 박력분, 베이킹파우더, 소금을 한데 체에 내린다.
2 볼에 담은 실온에 둔 버터를 부드럽게 크림화시킨다.
3 ❷의 크림화 버터에 설탕을 3번에 나눠 넣고 폭신한 버터크림 느낌이 날 때까지 핸드 믹서로 돌려준다.
4 달걀을 분리한 후 노른자부터 넣고 그다음에 흰자를 조금씩 넣어가며 잘 섞어준다(버터와 달걀이 분리되는 것을 막기 위해 노른자→흰자 순으로 넣는다).
5 ❹에 ❶의 가루를 한번에 넣고 가볍게 섞는다.
6 ❺에 우유 또는 물을 넣고 잘 섞는다.
7 지름이 약 18cm 정도 되는 2호 사이즈 라운드 케이크 틀에 유산지를 깔거나 오일로 코팅한다.
8 ❻의 반죽을 ❼의 케이크 틀에 부은 다음 예열한 오븐에 넣고 약 1시간 20분~1시간 30분 정도 굽는다.

Tip 꼬챙이를 찔러 보아 반죽이 묻어나올 경우에는 좀 더 구워주세요.
완성한 케이크는 열기를 충분히 식힌 후 사용해야 합니다.

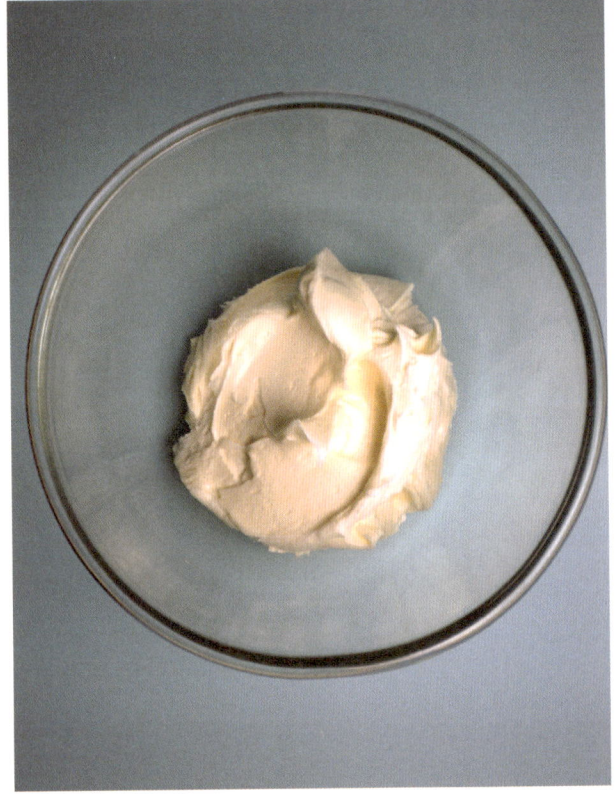

스폰지 케이크와 커버링할 때
접착하는 역활을 하는

버터크림
만들기

버터크림 만들기 1 (원형 2호 사이즈 케이크 커버링용)

이런 재료를 준비하세요
버터 180g, 슈거파우더 630g, 우유 4작은술, 바닐라 익스트랙 3작은술

이렇게 만드세요
1 실온에 둔 버터를 부드럽게 크림화시킨다.
2 ❶의 버터에 슈거파우더, 우유, 바닐라 익스트랙을 넣고 거품기로 고루 섞는다
(핸드 믹서 또는 스탠드 믹서를 사용하면 좋아요).

버터크림 만들기 2 (컵케이크나 적은 양이 필요할 때)

이런 재료를 준비하세요
버터 125g, 슈거파우더 420g, 우유 3작은술, 바닐라 익스트랙 2작은술

이렇게 만드세요
1 버터를 부드럽게 크림화시킨다.
2 부드러워진 버터에 슈거파우더, 우유, 바닐라 익스트랙을 넣고 거품기로 고루
섞는다(핸드 믹서 또는 스탠드 믹서를 사용하면 좋다).

스펀지케이크
커버링하기

이렇게 만드세요

1 스펀지케이크, 슈거 페이스트 반죽, 버터크림, 케이크 받침, 리본끈을 준비한다
(스펀지케이크 만들기 84쪽, 버터크림 만들기 186쪽 참고).

2 슈거 페이스트 반죽을 준비한다(딱 맞게 하려면 2배합, 넉넉한 반죽을 원하면 3배합).

3 스펀지케이크를 칼을 이용해 가로로 3등분한다.

4 준비해둔 케이크 받침 중간 부분에 버터크림을 약간 발라둔다(케이크를 고정하는 역할을
해주기 때문).

5 케이크 받침 위에 ❸의 스펀지케이크를 한 단씩 올리면서 윗면에 버터크림을 바른다.

6 소량의 쇼트닝을 손과 작업대에 바른 뒤 반죽이 부드러워질 때까지 슈거 페이스트를 치
댄다(쇼트닝을 바르는 이유는 손과 작업대에 설탕 반죽이 들러붙지 않게 코팅제 역할을 해
주기 때문이에요).

7 작업대를 정리한 다음 옥수수녹말을 넉넉하게 뿌린 뒤 부드러워진 슈거 페이스트 반죽을
약 0.5cm 두께로 민 다음 반죽이 접히지 않도록 조심스럽게 ❺의 케이크 위에 커버링한다
(단, 반죽을 너무 얇게 밀지 않도록 주의할 것).

8 커버링한 케이크의 밑단의 남은 반죽을 스크레퍼나 칼로 깨끗하게 정리한 뒤, 리본끈으
로 밑단을 둘러 붙여준다.

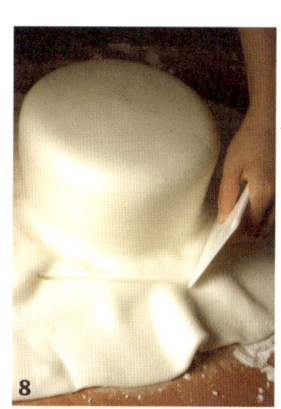

> **알아두세요**
>
> 1 커버링을 할 때에는 마치 아기를 다루듯 위쪽부터 살살 만져가며 주름지지 않게 펴
> 가며 커버링하는 것이 포인트입니다.
>
> 2 설탕 반죽을 밀 때 사용하는 밀대는 무거운 슈거크래프트 전용 밀대를 사용하세요.
> 일반 가정용 밀대는 무게가 적고 부피가 작아서 균일하게 밀어지지 않아요.

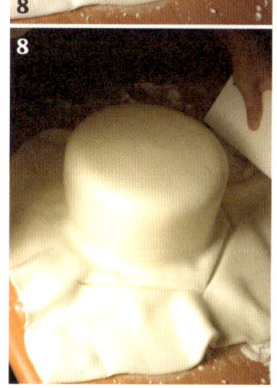

로열 아이싱 만들기

로열 아이싱은 아이싱 쿠키를 꾸밀 때 가장 많이 사용하지만,
슈거 케이크를 여러 가지 스타일로 꾸밀 수 있는 정말 매력적인 재료예요.

이런 재료를 준비하세요
슈거파우더 200g, 달걀흰자 1개 분량, 레몬주스 약간

이렇게 만드세요
볼에 모든 재료를 넣고 핸드 믹서 또는 거품기로 뽀얀 흰색이 나올 때까지 고루 섞는다.

알아두세요
아이싱 쿠키를 꾸밀 때에는 바깥쪽에 두를 적당하고 힘 있는 아이싱과 안쪽을 가득 채울 약간 무른 아이싱 두 가지가 필요해요.
1 쿠키의 바깥쪽에 두를 적당하고 힘 있는 아이싱의 모습.
2 쿠키의 안쪽을 채울 약간 무른 정도의 아이싱의 모습.
3 약간 무른 아이싱이 필요할 경우에는 레몬주스를 조금씩 첨가하면서 알맞은 농도의 아이싱을 만든다.

로열 아이싱으로 장식할 때 필요한 짤주머니

투명 비닐을 이용한 짤주머니 만들기

1 정사각형 비닐을 준비한다.
2 비닐의 한쪽 귀퉁이를 기준으로 잡고 고깔모자처럼 둥글게 말면 아래는 좁고 위로 갈수록 넓어지는 모양이 된다.
3 비닐을 둥글게 만 뒤 스카치테이프로 고정한 다음 비닐 안쪽에 아이싱을 채운 후 비닐을 모아서 끈으로 묶는다.
4 뾰족한 아래쪽에 아이싱이 나올 구멍을 가위로 조금 자른 후 사용하면 된다.

알아두세요
아이싱은 공기에 노출되면 금방 굳어요. 사용할 때에는 아이싱이 나오는
곳에 물을 적신 키친타월을 감싸서 사용하세요.

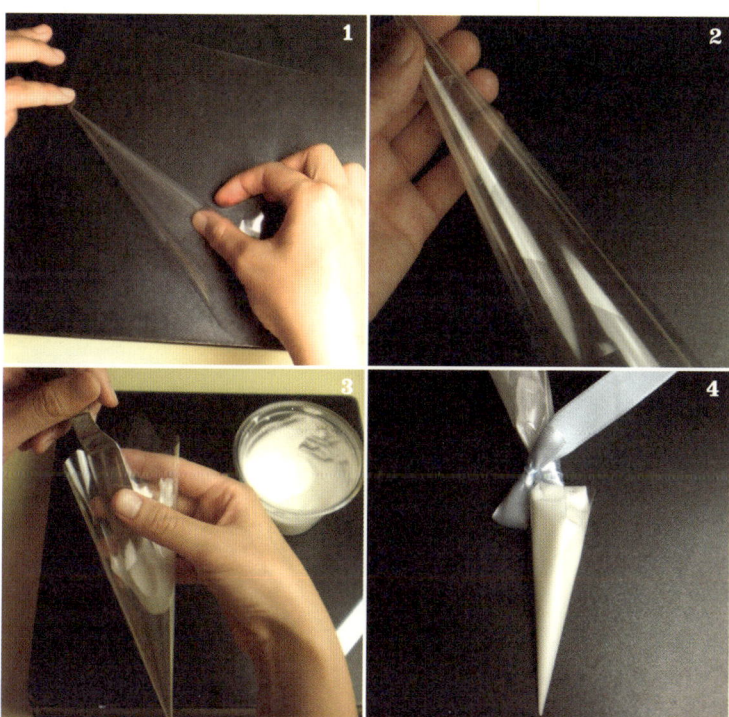

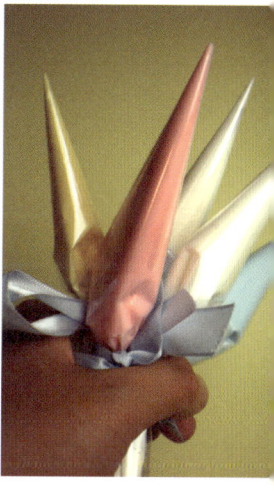

89

쿠키 만들기

만들기 전 알아두세요

모든 오븐 기준 175℃ 예열

이런 재료를 준비하세요

버터 196g, 설탕 1/2컵, 달걀 1/2개 분량, 박력분 1 1/2컵,
바닐라 익스트랙 1작은술

이렇게 만드세요

1 볼에 버터를 담고 거품기를 이용해 부드럽게 크림화시킨다.
2 ❶에 설탕을 넣고 폭신한 느낌이 날 정도로 거품기로 휘핑한다.
3 ❷에 달걀과 바닐라 익스트랙을 넣고 고루 섞는다.
4 ❸에 밀가루를 넣고 주걱으로 꺾듯이 고루 섞는다.
5 ❹의 반죽을 한 덩어리로 둥글린 다음 비닐로 싸서 약 30분간 냉장고에 넣어 휴지한다.
6 ❺의 반죽을 꺼내 손으로 약간만 부드럽게 다시 주무른 뒤 여분의 밀가루를 작업대와
반죽에 뿌린 후 밀대로 민다.
7 원하는 모양의 쿠키 커터로 찍은 다음 예열한 오븐에 넣어 약 13분간 노릇한 빛깔이 날 때까지
굽는다.

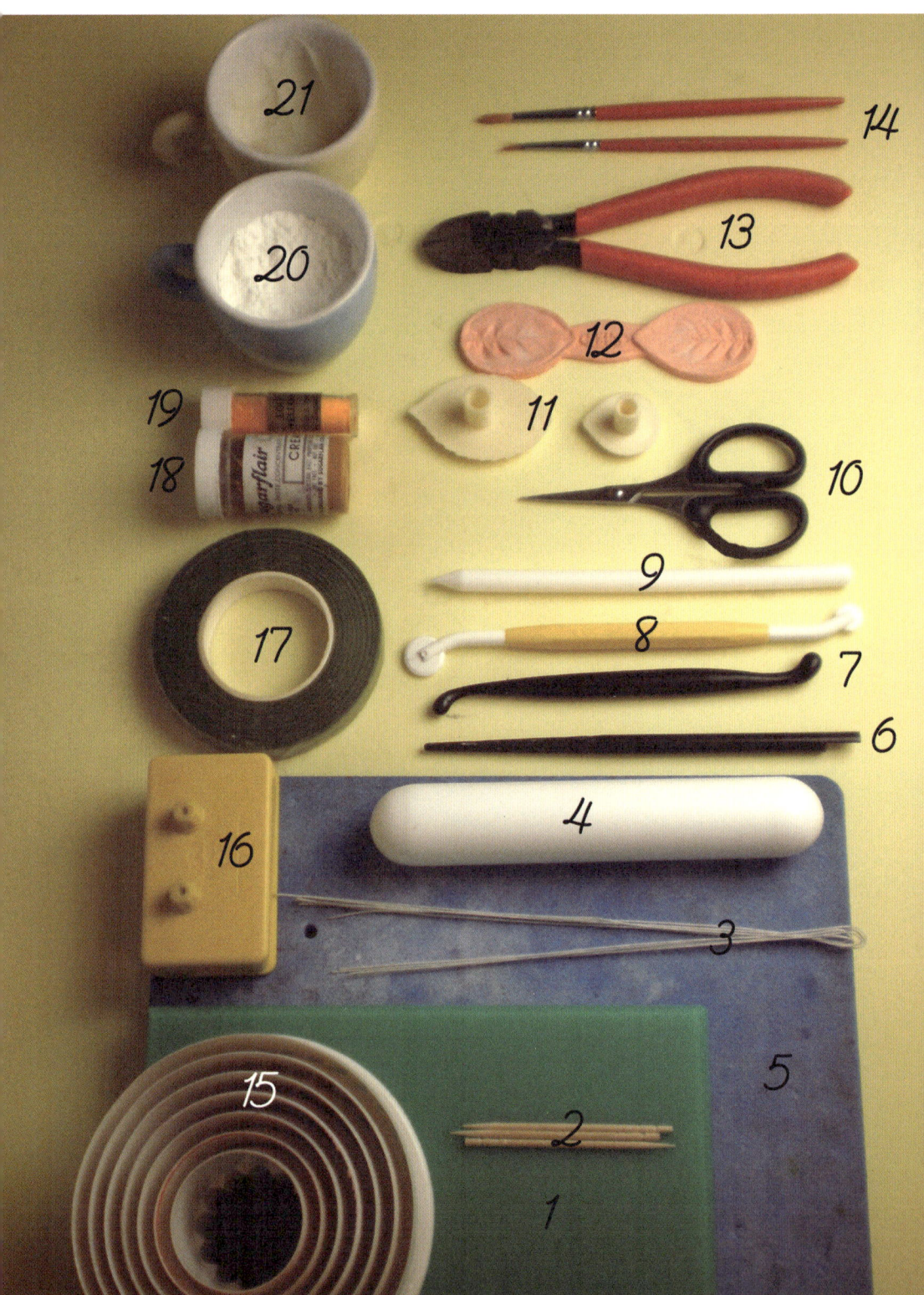

슈거크래프트에 필요한 기본 도구

알아두세요
슈거 케이크를 만들 때 필요한 모든 도구는 인터넷에 판매하고 있습니다.
검색창에 '슈거크래프트 도구'를 써넣고 검색해보세요.

01 보드판 : 반죽을 밀 때 쓰는 받침대. **02 이쑤시개** : 커버링한 반죽에 약간의 공기가 들어가서 빼주거나 이물질을 뺄 때 요긴하게 쓰여요. **03 꽃 철사** : 굵기가 얇은 꽃잎을 만들 때 쓰는 아주 가느다란 철사. **04 넌스틱 밀대** : 반죽을 밀 때 사용해요. **05 폼 패드** : 얇은 프릴 등을 만들 때 밑에 놓고 사용해요 **06 실크 베이닝 툴** : 프릴 잡을 때 사용하는 것으로, 자세히 보면 무늬가 있어요. **07 본 툴** : 꽃잎이나 나뭇잎의 부드럽고 자연스러운 곡선을 표현할 때 쓰여요. **08 윌 커터** : 얇은 반죽을 자를 때 사용해요. **09 셀 스틱** : 꽃의 한가운데에 구멍을 내는 용도이며, 여러 가지 용도로 두루 사용해요. **10 쪽가위** : 예리한 칼집을 낼 때 사용해요. **11 커터** : 여러 가지 모양의 도장 같은 역할을 하는 커터예요. **12 몰드** : 실리콘 재질로 만들어져 선명한 무늬를 나타내요. **13 펜치** : 굵은 철사를 자를 때 사용해요. **14 붓** : 더스팅을 하거나 물을 묻힐 때 사용해요. **15 원형 양면 프릴 커터** : 사이즈별로 있어요. **16 종이테이프 커터기** : 종이테이프를 자를 때 사용해요. **17 종이테이프** : 꽃만들기에서 꽃철사를 엮을 때 사용해요. **18 아이싱 컬러** : 슈거크래프트에 쓰는 전용 색소예요. 조금만 써도 진한 색이 나오므로 이쑤시개를 이용해 조금씩 색을 더해가며 원하는 색을 만들어요. 크림에 색을 낼 때 쓰이는 윌튼용 아이싱 컬러보다 슈거 크래프트 전용 아이싱 컬러를 사용하는게 더 좋아요. 식용색소입니다. **19 더스팅 컬러** : 날가루로 된 더스팅 컬러로 꽃에 선명한 음영 효과를 내고 싶을 때 많이 사용해요. 휴지에 조금 던 다음 붓을 이용해 조금씩 묻혀가며 씁니다. **20 옥수수녹말** : 반죽이 바닥이나 손에 붙지 않게 도와주는 역할을 해요. **21 쇼트닝** : 이것 또한 반죽이 바닥이나 손에 묻지 않게 도와주는 역할을 해요.

쿠키로 웨딩 케이크 만들기

쿠키를 이용해 작지만 아름다운 웨딩 케이크를 만들어봤어요.
웨딩 애프터 파티 때 여러 개씩 만들어 꾸미면 정말 예쁘겠죠? 설탕으로 만든 장
미는 작은 충격에도 쉽게 부러지는 만큼 장미가 부러지지 않게 조심해서 다루셔
야 해요. 장미꽃 만들기의 포인트는 꽃잎이 안에서부터 서서히 펼쳐지는 느낌을
내는 것이랍니다. 이 점을 생각하고 만들면 한결 쉬울 거예요.

장미꽃 만들기

이렇게 만드세요

1 핑크색 플라워 페이스트 반죽과 미니어처 장미 꽃잎 커터를 준비한다.

2 핑크색 반죽을 얇게 밀어 꽃잎 커터를 찍은 뒤 폼패드에 옮겨 본 툴로 지그시 눌러 부드러운 곡선을 만든다. 같은 방법으로 총 11장을 만든다.

3 끝이 뾰족한 물방울 모양의 심지를 만들어 철사에 꽂는다(장미가 작으므로 철사에 꽂은 채 작업하면 편해요).

4 ❷에서 미리 만들어 둔 장미 꽃잎 1장을(모양이 뾰족한 곳이 아래로 가게) 전체에 물을 조금 묻혀 꼬깔모자 모양처럼 ❸에 붙인다.

5 미리 만들어 둔 꽃잎 2장을(모양이 뾰족한 곳이 아래로 가게) 아래쪽 절반에 물을 조금 묻혀 서로 마주보게끔 ❹에 붙인다.

6 미리 만들어 둔 꽃잎 3장을(모양이 뾰족한 곳이 아래로 가게) 아래쪽 절반에 물을 조금 묻혀 꽃이 서서히 피는 모양처럼 붙인다.

7 미리 만들어 둔 꽃잎 5장을(모양이 뾰족한 곳이 아래로 가게) 아래쪽 절반에 물을 조금 묻혀 꽃이 서서히 피는 모양처럼 붙인다.

8 ❼의 완성한 장미꽃을 철사에 꽂은 채로 스티로폼에 꽂아둔다.

9 ❽의 장미꽃이 어느 정도 마르면 고정한 철사를 빼고 케이크를 장식한다.

잎사귀 만들기

1 초록색 플라워 페이스트 반죽과 미니어처 잎사귀 커터, 몰드를 준비한다.

2 초록색 반죽을 민 다음 잎사귀 커터로 찍는다.

3 ❷를 잎사귀 몰드 위에 얹은 다음 꾹 눌러 선명한 잎 모양을 만든다.

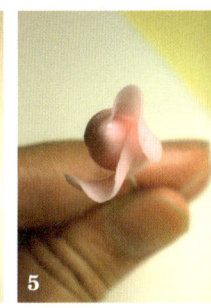
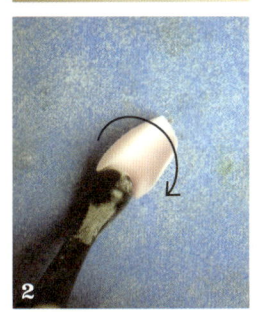
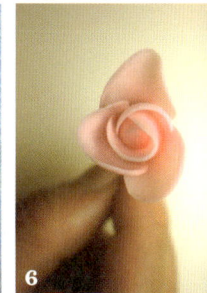

쿠키 웨딩 케이크 이렇게 데커레이션하세요

1 동그란 모양의 쿠키 커터를 이용해 제일 큰 원형 쿠키 3개, 중간 크기의 원형 쿠키 3개, 제일 작은 크기의 원형 쿠키 2개를 만든다(쿠키 만들기 90쪽 참조).

2 버터크림을 준비한다(버터크림 만들기 2 86쪽 참조).

3 바닥에 제일 큰 원형 쿠키를 3개를 놓는다. 같은 크기의 쿠키 제일 위쪽에는 버터크림이 보이게 샌딩하고, 그 아래쪽은 보이지 않게 샌딩한다.

4 ❸의 위에 중간 크기의 원형 쿠키 3개를 올린다. 마찬가지로 같은 크기의 쿠키 제일 위쪽에는 버터크림이 보이게 샌딩하고, 그 아래쪽은 보이지 않게 샌딩한다.

5 ❹의 위에 제일 작은 원형쿠키 2개를 얹고 위와 마찬가지로 위쪽에는 버터크림이 보이게 샌딩하고, 쿠키 사이에는 보이지 않게 샌딩한다.

6 ❺의 쿠키 케이크 위에 만들어 놓은 장미꽃과 잎사귀를 붙여 데커레이션한다.

로맨틱 케이크 만들기

아름다운 핑크색 장미꽃으로 로맨틱 케이크를 만들어봤어요.
이 케이크는 어디에나 잘 어울리는 최고의 케이크인 것 같아요.
이 멋진 케이크는 프러포즈할 때 제일 아름답고 로맨틱하게 어울릴
것 같아요. 이건 여자의 직감이에요.
당신의 인생에서 가장 빛날 아름다운 프로포즈!

장미꽃 만들기

이렇게 만드세요

1 생화와 커버링 케이크를 준비한다(케이크 커버링하기 87쪽 참고).
2 생화를 적당한 길이로 자른 뒤 줄기 밑부분에 물을 적신 휴지를 감은 다음
은 박지를 씌워 준비한다.
3 커버링한 케이크에 손질을 마친 꽃을 데커레이션한다.
4 케이크 위에 원하는 메시지를 로열 아이싱으로 쓴다.

베이비 케이크 만들기
하나

앞으로 태어날 아기와 엄마를 진심으로 축복하는 자리, 바로 베이비샤워
파티입니다. 이 축복 가득한 날을 더욱 빛내줄 간단한 케이크를 소개해
드릴게요. 쿠키 커터 하나만 있으면 손쉽게 꾸밀 수 있어요. 아주 간단하
게 만들 수 있는 베이비 케이크랍니다.

이런 재료를 준비하세요

지름 18cm 크기 스펀지케이크 · 슈거 페이스트 반죽 (1배합) · 로열 아이싱(색상별로) · 잼(딸기 잼 등) 적당량씩

이렇게 만드세요

1 스펀지케이크, 핑크색 · 하늘색 슈거 페이스트 반죽, 로열 아이싱, 잼, 보디슈트 모양 쿠키 커터를 준비한다(스펀지케이크 만들기 84쪽, 슈거 페이스트 반죽 80쪽 참조, 로열 아이싱 만들기 88쪽 참조).

2 ❷의 자른 스펀지케이크의 단면을 쿠키 커터의 높이에 맞게 가로로 자른다.

3 케이크 위에 쿠키 커터를 올려놓고 지그시 누르면 쿠키 커터 모양으로 잘라진다.

4 커터 모양으로 잘라낸 케이크 위에 잼을 발라 케이크끼리 붙인다(접착제 역할).

5 슈거 페이스트 반죽을 치댄 후 적당한 두께(약 0.5cm 정도)로 민다.

6 ❺의 반죽을 쿠키 커터를 이용해서 모양을 자른다.

7 잼을 바른 ❹의 케이크 위에 ❻의 슈거 페이스트 반죽을 살포시 올린다.

8 ❼의 케이크 위에 준비한 로열 아이싱으로 데커레이션한다.

베이비 케이크 만들기
둘

아기 모델링 만들기

이런 재료를 준비하세요
모델링 반죽 · 슈거크래프트용 색소 · 옥수수녹말 · 풀 또는 물 적당량씩 · 아기 모양 몰드

이렇게 만드세요
1 슈거 페이스트와 플라워 페이스트 반죽을 반반씩 섞어 모델링 반죽을 만든다.
2 만들어 둔 모델링 반죽을 절반만 떼어 피부색 식용색소[(주황색TANGERINE. · 살구색APRICOT)라는 색이름]를 소량만 섞어 반죽을 만든다(아기 피부 만들기용).
3 몰드 전체에 붓으로 옥수수녹말을 골고루 묻힌다(반죽이 들러붙지 않게 하기 위해서예요).
4 ❸의 몰드에서 아기 몸 부분에 해당하는 곳에만 피부색으로 만들어둔 반죽을 넣는다.
5 나머지 절반의 모델링 반죽에 핑크색 식용색소를 조금 섞어 반죽을 만든다(아기 이불 만들기용).
6 ❹의 아기 몸 위에 풀을 바른 다음 그 위에 핑크색 반죽을 크기에 알맞게 넣는다.
7 ❻의 몰드에 있는 반죽을 조심스럽게 빼낸다(서두르면 빼다가 찌그러지기 쉬워 처음부터 다시 해야 해요. 이 부분은 천천히 하세요).
8 흰색 반죽으로 삼각형을 만든 다음 ❼의 아기 몰드에 물을 묻혀 기저귀를 붙인다.
9 ❽의 아기 머리와 곰 인형 부분에 갈색 식용색소를 이용해 붓으로 엷게 색칠한다.
10 아기 모델링 완성.

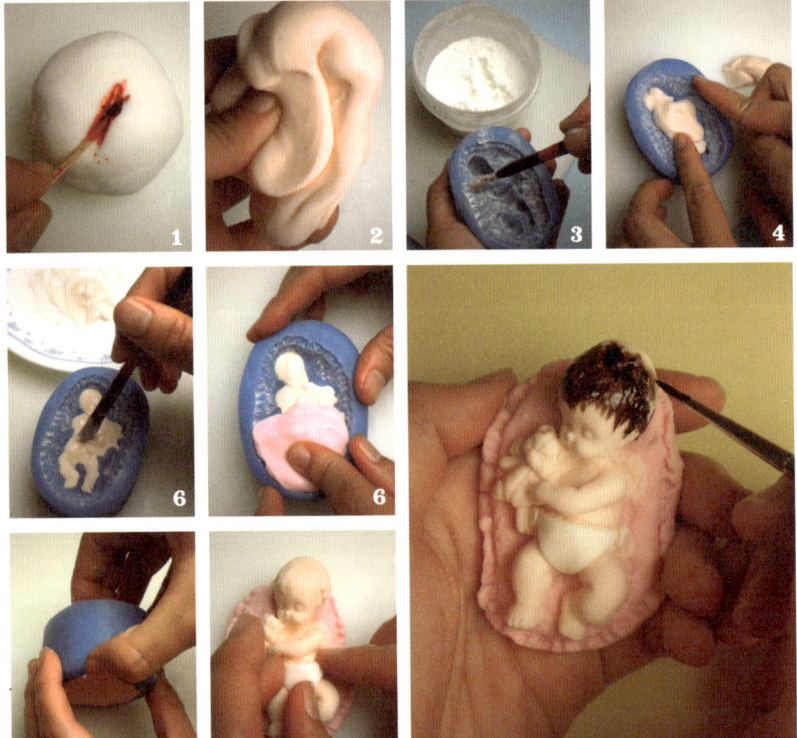

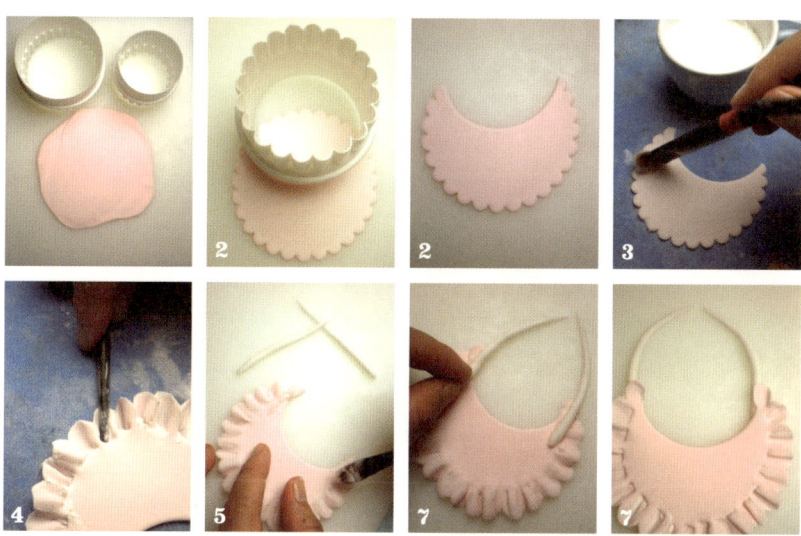

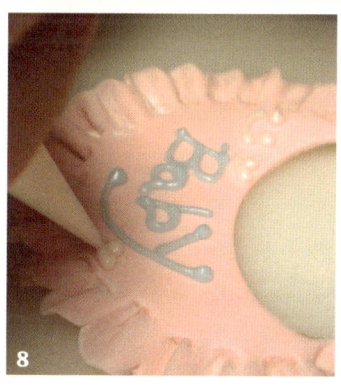

턱받이 만들기

이런 재료를 준비하세요

모델링 반죽 · 슈거크래프트용 색소 · 로열 아이싱(색상별로) · 옥수수녹말 ·
풀 또는 물 적당량씩, 원형 프릴 커터 큰 것, 작은 것, 실크 베이닝 툴

이렇게 만드세요

1 핑크색 모델링 반죽을 만들어 조금만 얇게 밀고, 큰 모양의 원형 프릴 커터를 준비해 프릴 모양이 나 있는 쪽을 아래로 향하게 한 다음 커터로 찍는다.
2 그 위에 프릴 모양이 아닌 매끈한 쪽을 사용해 조금 작은 원형 커터로 초승달 모양이 되게 사진처럼 찍는다.
3 울퉁불퉁한 모양의 끝 쪽에 옥수수 녹말을 칠한다(찢어지지 않게 하기 위해서예요).
4 도구(실크 베이닝 툴)를 이용해 지그시 누른 다음 양쪽으로 돌려 레이스 모양을 만든다(단, 찢어지지 않게 주의하세요!).
5 사진처럼 흰색 반죽을 이용해 두꺼운 끈 모양 2개를 짧게 만든다.
6 ❹의 반죽을 뒤집은 다음 양쪽 끝에 풀을 붙인다.
7 ❺의 두꺼운 끈 모양 반죽을 ❻의 양쪽에 각각 한 개씩 붙인다.
8 ❼을 다시 뒤집은 다음 턱받이 부분에 아이싱으로 예쁘게 꾸민다.
9 ❽의 턱받이가 마르면 케이크에 붙여 장식한다.

 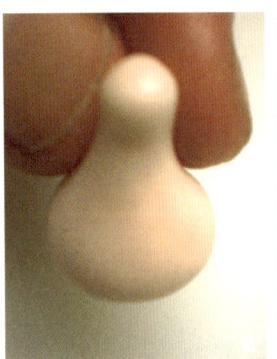 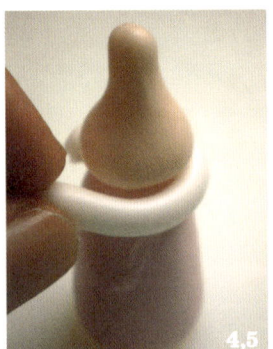 

젖병 만들기

이런 재료를 준비하세요
모델링 반죽 · 슈거크래프트용 색소 · 옥수수녹말(전분) · 로열 아이싱 · 풀 또는 물 적당량씩

이렇게 만드세요
1 피부색 모델링 반죽을 준비해 손으로 젖병 윗부분을 사진과 같은 모양으로 만든다.
2 핑크색 모델링 반죽을 이용해 젖병 모양을 만든다.
3 흰색을 이용해 굵은 끈 모양(실타래)으로 약간 길게 만든다.
4 ❶과 ❷를 붙여 젖병을 만든다.
5 ❹의 젖병을 접합한 경계선에 ❸의 끈을 두른 후 로열 아이싱으로 데커레이션한다.

 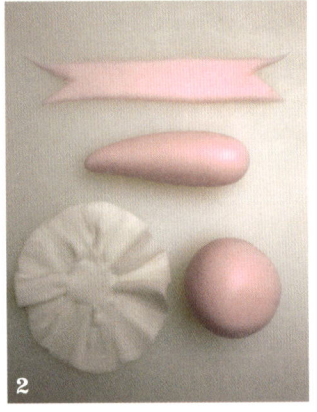

딸랑이 만들기

이런 재료를 준비하세요
모델링 반죽 · 슈거크래프트용 색소 · 풀 또는 물 · 이쑤시개 적당량씩

이렇게 만드세요
1 흰색 모델링 반죽을 얇게 민 다음 도구(윌 커터 또는 동그란 쿠키 커터)를 이용해 작은 원을 오린다. 그리고 도구(실크 베이닝 툴)를 이용해 지그시 누르면서 양쪽으로 돌려 레이스 모양을 만든다(단, 찢어지지 않게 주의하세요!).
2 나머지 딸랑이 손잡이, 원형 볼, 리본 레이스는 사진을 참고해 만든다.
3 ❶, ❷의 만들어둔 반죽을 이용해 딸랑이 모양으로 차례대로 풀과 이쑤시개를 이용해 붙여준다.

 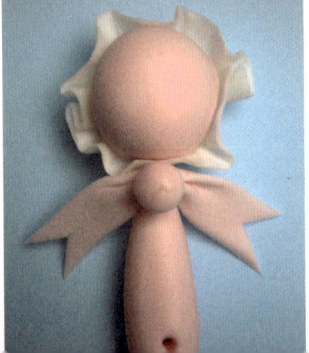

데커레이션하기

1 미리 만들어둔 각종 소품과 커버링 케이크를 준비한다(케이크 커버링하기 87쪽 참고).
2 커버링한 케이크에 소품(아기, 턱받이, 젖병, 딸랑이)을 올려놓고 로열 아이싱으로 데커레이션한다.

스웨터 케이크 만들기

추운 겨울이 오기 전 사랑하는 사람에게 따뜻한 스웨터 선물을 준비하세요.
진짜 스웨터도 좋고 스웨터 케이크도 좋아요. 받는 사람이 얼마나 행복할까요?
Love you. Love you. Love you.

이런 재료를 준비하세요

커버링 케이크 · 모델링 반죽 · 로열 아이싱 · 슈거크래프트용 색소 적당량씩 · 이쑤시개 · 유산지 · 윌 커터

이렇게 만드세요

1 커버링한 케이크를 준비한다(케이크 커버링하기 87쪽 참고).

2 유산지를 준비해 스웨터 모양을 그린다음 가위로 오린다.

3 색을 낸 모델링 반죽을 준비한 후 밀대로 민 다음 ❷의 유산지 패턴을 덧대 이쑤시개로 스웨터 모양을 본뜬다.

4 도구(윌 커터)를 이용해 스웨터 모양을 자른다.

5 커버링한 케이크 위에 ❹의 스웨터 모양을 올린 뒤 로열 아이싱으로 데커레이션한다.

Tip 스웨터 모양으로 자른 반죽을 케이크에 붙이기 전에 여분의 반죽을 긴 타원형 모양으로 만들어 케이크 위에 올려놓아보세요. 그리고 만들어 놓은 스웨터 반죽을 타원형 반죽 위에 올리면 스웨터가 약간 불룩한 모양이 되면서 보다 입체적인 모양이 된답니다.

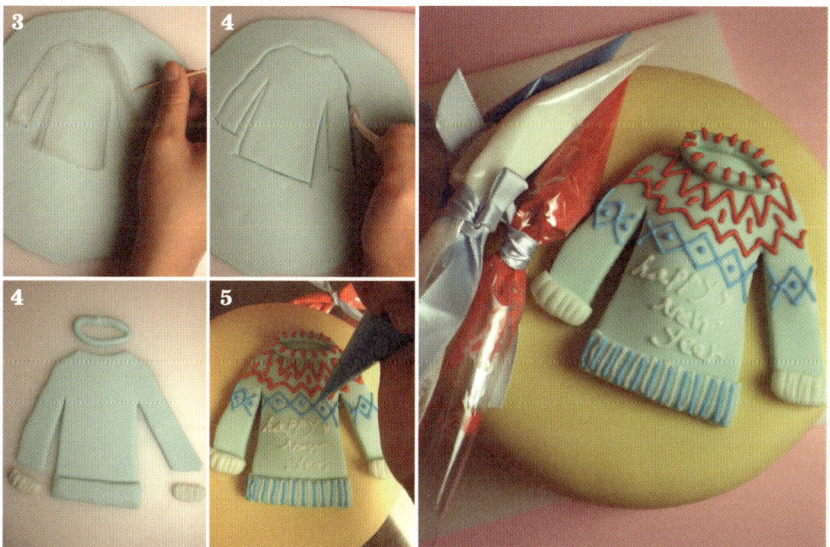

해리포터 모자
케이크 만들기

영화 〈해리포터〉 아시죠? 영화 속 호그와트 마법학교에서 갓 입학한 학생들의 반 배정을
위해 모자를 씌워주는 장면이 나오잖아요.
이때 해리에게 "그리핀도르!"라고 외쳤던 모자를 케이크로 만들어봤어요.

케이크 원뿔 만들기

이런 재료를 준비하세요

지름 18cm 크기 스펀지케이크, 버터크림 적당량

이렇게 만드세요

1 스펀지케이크와 버터크림을 준비한다(스펀지케이크 만들기 84쪽, 버터크림 만들기 2 86쪽 참고).

2 스펀지케이크를 칼로 4등분한다.

3 먼저 ❷의 4등분한 케이크 중 하나를 칼을 이용해 원뿔 모양으로 대충 깎는다.

4 버터크림을 ❸의 모양낸 케이크 전체에 골고루 펴 바른다.

케이크 커버링하기

이런 재료를 준비하세요

슈거 페이스트 반죽(2배합) · 슈거크래프트용 색소(갈색) · 버터크림 · 로열 아이싱 적당량씩 · 원형 스티로폼 케이크 받침

이렇게 만드세요

1 슈거 페이스트 반죽 2배합을 준비한다(슈거 페이스트 반죽 만들기 80쪽 참조).

2 갈색 식용색소를 이용해 반죽에 ❶의 색을 낸다.

3 ❷의 갈색 반죽을 조금 떼어내 크림 샌딩한 케이크에 대충 눈, 코, 입 모양을 만들어 붙인다.

4 나머지 갈색 슈거 페이스트 반죽을 밀어 케이크 전체를 커버링한다(이때 눈, 코, 입 부분이 구멍 나지 않게 조심스럽게 매만지며 커버링하세요).

5 갈색 슈거 페이스트 반죽을 사진처럼 원뿔 모양으로 만든 뒤 ❹의 케이크 위에 올려놓고 이음매가 안 보이게 손으로 마무리한다.

6 케이크 받침으로 사용할 스티로폼은 윗부분에만 물기를 묻힌 다음 털어둔다(접착제 역할).

7 갈색 슈거 페이스트 반죽을 밀어 케이크 받침 전체에 커버링한다.

8 ❺의 커버링한 케이크를 ❼의 커버링한 케이크 받침대 위에 얹어 위치를 잡은 다음 크림을 이용해 붙인다.

9 ❽의 모자에 로열 아이싱을 이용해 데커레이션한다.

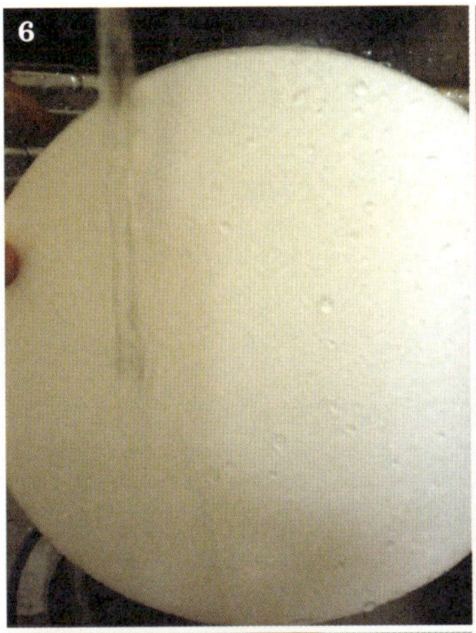

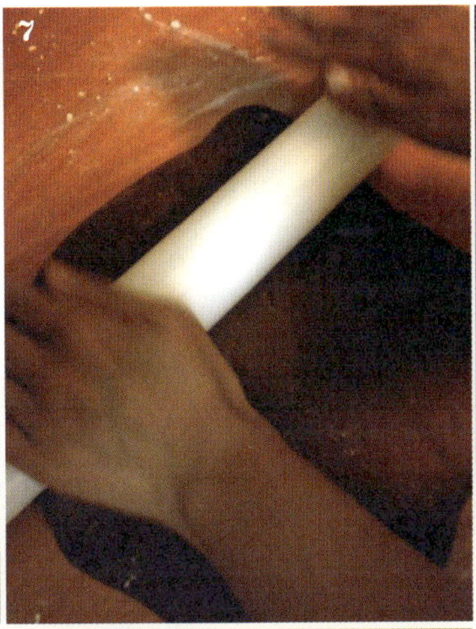

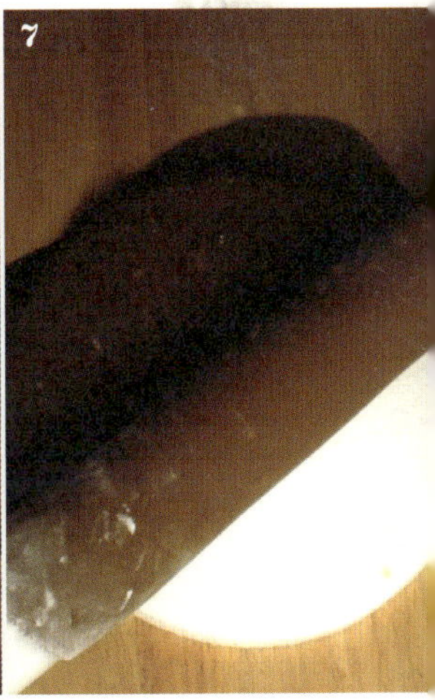

곰돌이 만들기

밋밋한 케이크에 노란 곰돌이 한 마리를 만들어서 올려놓았어요.
식구 숫자대로 곰돌이 가족을 만들어 올려도 재밌을 것 같아요.
케이크 위에 장식할 경우에는 장식을 모두 굳힌 후 올려야 해요.
그렇지 않으면 망가질 수 있거든요.

이런 재료를 준비하세요
모델링 반죽 · 슈거크래프트용 색소(노란색 · 갈색) · 풀 적당량씩 · 이쑤시개

이렇게 만드세요
1 그림을 참고해 모델링 반죽으로 곰돌이의 머리와 몸. 팔. 다리. 눈. 코. 입 부분을 만든다.
2 ❶의 모양낸 반죽 가운데 머리와 몸통은 이쑤시개를 이용해 연결하고 나머지 부분은 풀을 이용해 붙인다.
3 충분히 굳힌 다음 케이크에 데커레이션한다.

111

컵케이크 말하기

c u p   c a k e

저는 컵케이크를 너무 좋아해요. 먹는 것도 좋아하지만, 만드는 걸 더 좋아한답니다. 눈처럼 하얀 프로스팅을 머핀 위에 부드럽게 바른 뒤, 그 위에 알록달록한 스프링클 장식을 뿌려주면 얼마나 예쁜지 아세요? 특별한 손재주 없이도 블링블링한 나만의 컵케이크를 쉽게 만들 수 있는 비법이지요.

남은 크림으로 글씨를 쓸 수도 있고, 남은 설탕 반죽이 있으면 연인을 향한 나의 마음을 하트로 만들어 장식할 수도 있어요. 무엇이든 상상 그 이상으로 만들 수 있는 것이 바로 컵케이크랍니다. 여러 개를 만들어 놓고 조르륵 세워놓으면 꼭 패션쇼의 런웨이에 선 것처럼 내 마음이 쿵쿵 거리기도 해요.

컵케이크 패션쇼, 멋지지 않을까요!

컵케이크는 머핀 틀에 한 손으로 들 수 있을 만큼의 작은 케이크를 구워 그 위에 프로스팅이라는 크림을 올려 샌딩한 케이크를 말합니다. 여러 종류의 재료를 넣을 수 있어 정말 다양한 컵케이크를 만들 수도 있죠. 해외에서는 단 한 편의 드라마에 등장해 필수 관광 코스가 된 컵케이크 가게도 있어요. 얼마나 많은 세계인이 이 작은 케이크 숍에 열광을 하는지…! 그곳에 가면 이 작은 케이크 하나가 분화로 성착한 모습을 볼 수 있어요.

컵케이크를 만들 땐 따로 규칙을 정하지 마세요!

그냥 손길 가는 대로 만드는 것이 최고랍니다. 데커레이션하는 것에 자신이 없다고요? 걱정하지 마세요 이 책에 소개한 방법을 따라 하면 여러분도 진정한 컵케이커가 될 수 있답니다. 시중에 파는 작은 소품을 이용해도 좋아요. 작은 피겨(figure) 인형이 있으면 그걸 이용해서 꾸미면 된답니다. 대신 드시는 분에게 그 장식은 먹지 말라고 말해둬야겠죠.

그림 그리기에 자신이 있다면 작은 인형을 그리거나 좋아하는 캐릭터를 그려서 얹어도 좋아요. 그리고 모양대로 잘라서 이쑤시개에 붙여 컵케이크 위에 꽂기만 하면 나만의 컵케이크를 완성할 수 있답니다. 별로 어렵지 않죠? 이렇게 간단하고 손쉬운 방법으로 멋진 컵케이크를 만들 수 있답니다.

하지만 컵케이크는 별다른 장식이 없어도 충분히 매력적인 '그녀'인 것 같아요.

세상에 이렇게 매력적인 케이크가 또 있을까요?

바닐라 컵케이크 만들기

가장 기본적인 바닐라 컵케이크 베이스입니다. 바닐라 컵케이크를 만들 때는 버터도 중요하지만 제일 중요한 것은 바닐라 익스트랙이에요. 꼭 천연 바닐라빈을 함유한 것으로 만드세요. 천연 바닐라빈이 가장 향기가 좋거든요. 이제 바닐라 향을 가득 품은 나만의 바닐라 컵케이크를 만들어볼까요?

만들기 전 알아두세요
가정용 전기광파오븐 기준 145℃ 예열(일반 오븐은 위의 온도에서 약 25℃ 정도 올려서 구우세요).
완성한 케이크는 열기를 충분히 식힌 후 사용하세요.

이런 재료를 준비하세요
박력분 200g, 베이킹파우더 1/2작은술+1/4작은술, 소금 약간, 우유 130g, 바닐라 익스트랙 1큰술, 버터 82g, 설탕 140g, 달걀 2개

이렇게 만드세요
1 오븐을 145℃로 예열해주세요.
2 볼에 박력분, 베이킹파우더, 소금을 한데 체에 내린다.
3 다른 볼에 우유와 바닐라 익스트랙을 한데 섞어 순비한다.
4 실온에 둔 버터를 부드럽게 크림화시킨다.
5 ❹의 크림화된 버터에 분량의 설탕을 2~3번 나눠서 섞으며 부드러워질 때까지 휘핑한다.
6 ❺에 달걀을 섞는다(노른자부터 넣고 흰자를 넣어야 분리 현상이 줄어듭니다).
7 ❻의 볼에 ❷과 ❸을 번갈아 넣는다(❷ 가루류 → ❸ 우유 → ❷ 가루류 → ❸ 우유 → ❷ 가루류).
8 ❼의 컵케이크 반죽을 머핀 틀에 부은 다음 예열한 오븐에 넣어 20분 정도 굽는다(반죽을 뜰 때 아이스크림 스쿱을 사용하면 편리해요).

각종 깍지를 활용한 컵케이크 만들기

여러 가지 모양의 깍지에 크림을 넣어 케이크나 컵케이크 등에
꽃과 풀모양 등 다양한 모양을 표현할 수 있어요.

233번 깍지를 이용한 컵케이크

이런 재료를 준비하세요

바닐라 컵케이크와 버터크림을 준비한다
(바닐라 컵케이크 만들기 115쪽, 버터크림 만들기 2 86쪽 참조).

이렇게 만드세요

1 짤주머니에 크림을 채워넣고 233번 깍지를 끼운다.
2 233번 깍지를 컵케이크 표면에 밀착시킨 다음 힘을 주면서 크림을 짜내다가 떼어낼 때에는 힘을 멈춘 뒤 위로 재빠르게 떼어낸다.
3 233번 깍지를 이용해 컵케이크 표면을 빽빽하게 데커레이션한다.

깍지 사용하기

깍지는 크림으로 모양을 내고 싶거나 케이크 데커레이션 할 때 많이 사용해요. 크고 작은 크기와 다양한 모양의 깍지 종류가 있지요. 자세히 보면 각각의 번호가 찍혀있어요. 온리인 샵이나 베이킹 샵 등에서 판매한답니다. 깍지를 사용할 때는 짤주머니와 커플러, 커플러조임쇠가 필요해요. 요즘에는 세트로 나와 있으니 참고해서 구입하세요.

1 짤주머니 안쪽에 커플러를 넣어줍니다. 짤주머니 입구를 커플러가 들어갈 만큼의 위치를 체크하여 가위로 잘라주어 커플러를 넣어주세요(너무 크게 자르면 커플러가 밖으로 튀어 나올 수 있으니 조심하여 잘라주세요).
2 적당량의 크림을 짤주머니 안 쪽에 넣은 다음 깍지를 끼우고 링같이 생긴 커플러 조임쇠로 조여줍니다.
3 크림이 들어 있는 짤주머니의 윗부분을 크림이 나오지 않게 질 어민 뒤 사용입니다.

• 다른 모양으로 바꾸고 싶을 경우에는 다른 것은 그대로 두고 깍지만 바꿔 끼워 사용하면 됩니다.
• 크기가 큰 깍지는 커플러와 커플러 조임쇠 없이 사용합니다.

233번 깍지와 79번 깍지를 이용한 꽃 컵케이크

이렇게 만드세요

1 컵케이크 표면에 79번 깍지를 이용해 길게 꽃잎을 만든다.

2 ❶의 꽃잎보다 살짝 짧은 길이의 꽃잎을 만든다. ❶의 꽃잎을 살짝 덮으면서 만든다.

3 ❷와 동일한 방법으로 만든다.

4 ❸의 꽃봉오리 가운데에 233번 깍지를 이용해 꽃의 암술을 장식한다.

855번 깍지를 이용한 아이스크림 컵케이크

이렇게 만드세요

컵케이크 바깥쪽 표면을 시작으로 아이스크림 모양으로 올려주면 된다. 마지막으로 크림을 떼어낼 땐
힘을 주지 않고 한번에 떼야 아이스크림 상단의 뾰족한 모양을 낼 수 있다.

장미꽃 컵케이크
만들기

설탕 반죽을 사용해 어렵지 않은 방법으로 장미꽃 컵케이크를 만들었어요.
웨딩 컵케이크로 너무나도 잘 어울릴 것 같아요. 장미도 먹을 수 있는 재료로 만들었기 때문에
예쁘기만 한 게 아니라 맛있기까지 하지요.

장미 만들기

이렇게 만드세요
1 핑크색 플라워 페이스트를 준비한다(82쪽 참조).
2 얇게 민 다음 도구(휠 커터)를 이용해 직사각형 모양으로 자른다.
3 1~2cm의 윗부분을 들어 올려 안으로 접는다.
4 손을 이용해 지그재그로 김밥처럼 만다.
5 손을 이용해 끝부분을 여민 다음, 나머지 반죽을 떼어낸다.

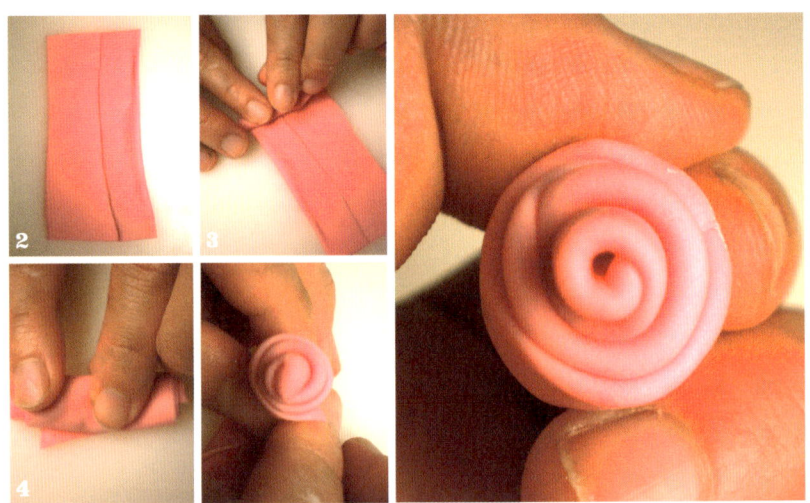

잎사귀 만들기

이렇게 만드세요
1 초록색 플라워 페이스트와 미니어처 잎사귀 커터, 몰드를 준비한다(잎사귀 커터와 몰드가 없을 경우 휠 커터를 이용해 모양을 낸다).
2 초록색 반죽을 얇게 민 다음 그 위에 잎사귀 커터를 찍는다.
3 ❷의 잎사귀 반죽을 잎사귀 몰드에 넣고 좀 더 정교한 잎 무늬를 만든다.

Tip 몰드에 반죽을 넣기 전에 옥수수 녹말을 바른 다음 작업하세요. 이렇게 해야 반죽이 쉽게 몰드에서 떨어진답니다.

장미꽃 컵케이크 이렇게 데커레이션하세요

1 바닐라 컵케이크와 슈거 페이스트를 준비한다(바닐라 컵케이크 만들기 115쪽, 슈거 페이스트 만들기 115쪽 참조).

2 바닐라 컵케이크의 위쪽에 딸기잼을 조금 바른다(다른 종류의 잼도 상관없어요).

3 민트색 슈거 페이스트 반죽을 약간 두툼한 두께로 민 다음 컵케이크 사이즈와 비슷한 원형 커터로 모양을 찍는다.

4 ❸의 원형 모양 슈거 페이스트 반죽을 ❷의 컵케이크 위쪽에 붙인다.

5 미리 만들어둔 장미와 잎사귀를 물과 슈거 페이스트를 적절히 섞어 만든 풀을 사용해 ❹의 컵케이크 위에 붙인 다음 로열 아이싱으로 데커레이션한다.

크리스마스 컵케이크 만들기

해마다 연말이 다가오면 머지않은 크리스마스에 절로 마음이 설레는 것 같아요.
두근거리는 마음으로 크리스마스를 기다리며 컵케이크를 만들어봤어요.
산타 할아버지, 루돌프 그리고 유령이 되어 버린 양과 알록달록한 장식이 매력
적인 트리를 만들어 컵케이크에 장식했어요.
어때요! 컵케이크만으로도 크리스마스 분위기가 물씬 느껴지죠?

산타 할아버지 컵케이크 만들기

이런 재료를 준비하세요

슈거 페이스트 반죽 · 모델링 반죽 적당량 · 잼 · 물 또는 풀 · 슈거크래프트용 색소 적당량씩 · 바닐라 컵케이크 4개 · 원형커터

> **알아두세요**
> 아래의 모든 소품은 모델링 반죽을 사용합니다.

이렇게 만드세요

1 슈거크래프트용 색소를 이용해 피부색[주황색(TANGERINE) · 살구색(APRICOT) 색 이름] 슈거 페이스트 반죽과 바닐라 컵케이크를 준비한다(슈거 페이스트 만들기 80쪽, 바닐라 컵케이크 만들기 115쪽 참조).

2 피부색 반죽을 약간 두툼한 두께로 민다.

3 컵케이크와 비슷한 사이즈의 원형 커터를 준비해 ❷의 피부색 반죽을 잘라낸다.

4 컵케이크 위에 소량의 잼을 발라 ❸의 원형 반죽을 붙인다.

5 붉은색 모델링 반죽을 준비한다.

6 붉은색 반죽을 밀대로 민 뒤 도구(윌 커터)를 이용해 삼각형 모양으로 만든다.

7 삼각형 모양의 반죽을 사진과 같이 ❹의 머리 부분에 해당하는 윗부분에 물로 붙인다.

위쪽의 모자 꼭대기 부분을 바깥쪽으로 약간 접어주고 동그란 흰색 반죽으로 모자의 술을 장식한다

8 흰색 모델링 반죽을 이용해 눈, 코, 입, 턱수염 부분을 만든다.

9 흰색 모델링 반죽을 이용해 모자 아랫부분을 사진처럼 장식한다.

10 검정색 반죽을 이용해 눈동자를 만들어 붙인다(좀 더 입체적인 모자술을 만들고 싶을 경우에는 쪽가위를 이용해 사진처럼 만드세요).

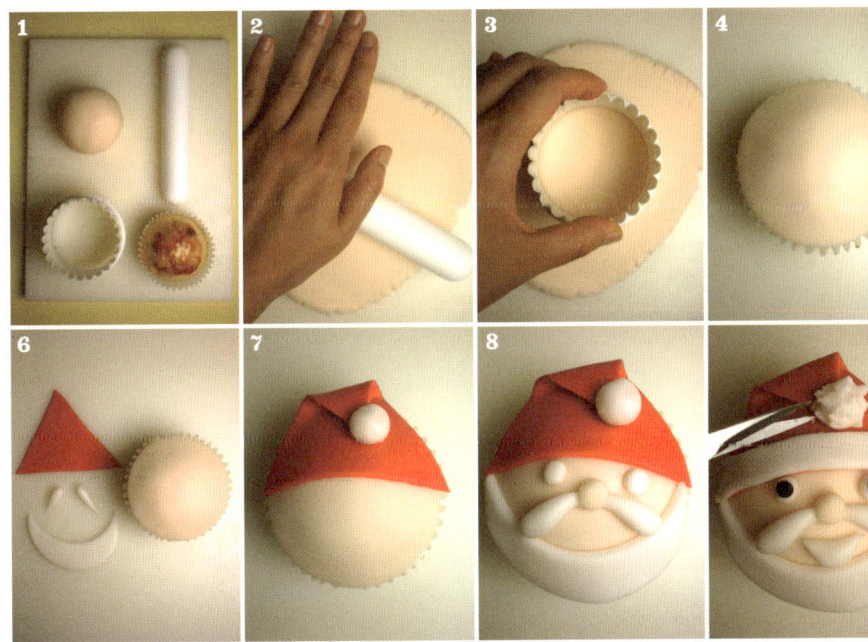

루돌프 사슴 컵케이크 만들기

이렇게 만드세요

1 흰색 슈거 페이스트 반죽, 갈색, 붉은색, 검정색 모델링 반죽, 바닐라 컵케이크를 준비한다.
2 흰색 반죽을 약간 두툼한 두께로 민다.
3 컵케이크와 비슷한 사이즈의 원형 커터를 준비해 ❷의 밀어놓은 반죽 위에 찍는다.
4 컵케이크 위에 소량의 잼을 발라 ❸의 원형 반죽을 붙인다.
5 만들어 놓은 모델링 반죽을 이용해 루돌프 얼굴 모양을 만들어 컵케이크에 붙인다.

유령이 되어버린 양 컵케이크 만들기

이렇게 만드세요

1 흰색 슈거 페이스트 반죽, 갈색, 붉은색, 검정색 모델링 반죽, 바닐라 컵케이크를 준비한다.
2 흰색 반죽을 약간 두툼한 두께로 민다.
3 컵케이크와 비슷한 사이즈의 원형 커터를 준비해 밀어놓은 반죽 위에 찍는다.
4 컵케이크 위에 소량의 잼을 발라 ❸의 원형 반죽을 붙인다.
5 만들어 놓은 모델링 반죽을 이용해 유령이 되어버린 양의 얼굴 모양을 만들어 컵케이크에 붙인다.

크리스마스트리 컵케이크 만들기

이렇게 만드세요

1 흰색 슈거 페이스트 반죽, 초록색 모델링 반죽, 바닐라 컵케이크를 준비한다.
2 흰색 반죽을 약간 두툼한 두께로 민다.
3 컵케이크와 비슷한 사이즈의 원형 커터를 준비해 밀어놓은 반죽 위에 찍는다.
4 컵케이크 위에 소량의 잼을 발라 ❸의 원형 반죽을 붙인다.
5 초록색 모델링 반죽을 원뿔 모양으로 만들고, 거꾸로 들어 사진처럼 쪽가위를 이용해 모양을 낸다.
6 흰색 반죽으로 천사 모양을 만들고 색색의 반죽을 둥글게 빚어 트리 장식을 만든다.
7 ❹의 컵케이크 위에 ❺의 크리스마스트리를 얹은 다음 ❻의 트리 장식을 붙인다.

핼러윈 컵케이크 만들기

UFO, 기이한 현상 등 저는 미스터리한 현상을 정말 좋아합니다. 흥미롭잖아요.
늦가을 어느 날, 핼러윈데이를 기념해 컵케이크를 만들어봤어요. 핼러윈데이는 서양에서 열리는
10월의 마지막 밤 연례행사로 유명하죠. 눈이 뻥 뚫린 무서운 얼굴의 해골과 호박 귀신, 그리고
꼬맹이 유령과 마녀 모자를 만들어 컵케이크에 장식했어요. 핼러윈데이가 오기 전 만들어 귀여
운 꼬맹이들에게 나눠주세요.

해골 만들기

[알아두세요
이래의 모든 소품은 모델링 반죽(83쪽 참조)을 사용합니다. **]**

이렇게 만드세요
1 사진을 참고해 피부색 모델링 반죽을 동그랗게 빚은 뒤 손을 이용해 길쭉한 해골 모양으로 만든다.
2 사진처럼 도구(셀 스틱)를 이용해 눈과 콧구멍 모양을 표현한다.
3 도구(월 커터)를 이용해 입 모양을 만든다.

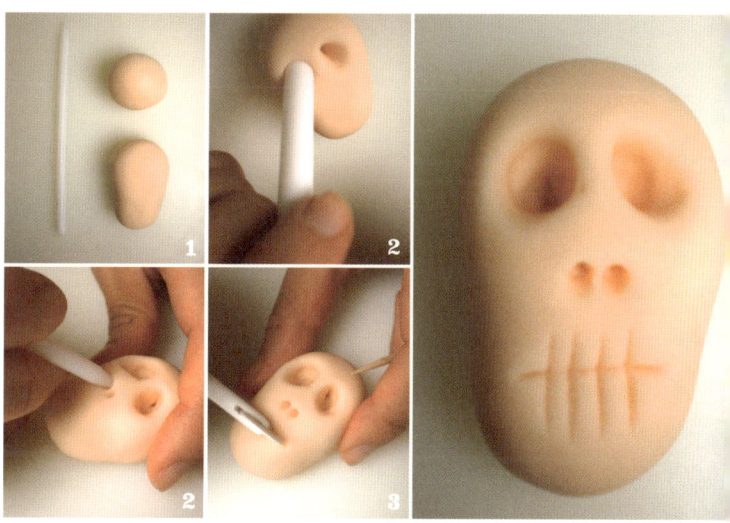

호박 귀신 만들기

이렇게 만드세요
1 주황색 모델링 반죽을 준비한다.
2 주황색 반죽으로 동그란 원형 모양을 빚은 뒤 도구(월 커터)를 이용해 호박 줄무늬 모양을 낸다.
3 검정색 반죽을 이용해 사진처럼 눈, 코, 입을 만들어 붙이고, 보라색 반죽을 이용해 호박 꼭지 모양을 만들어 붙인다.

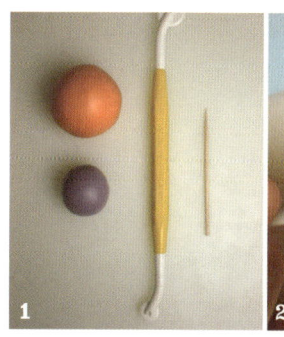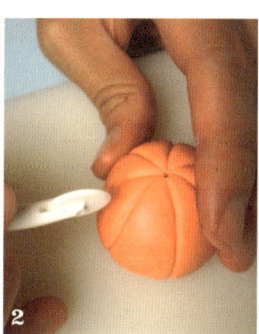

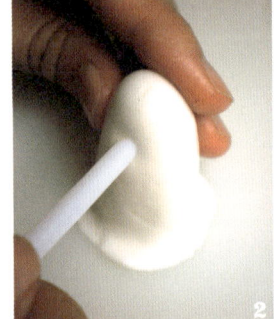

유령 만들기

이렇게 만드세요

1 흰색 모델링 반죽을 준비한다.
2 손으로 약간 길다란 타원형 모양을 만든 뒤 도구(셀 스틱)를 이용해 옷 끝자락이 바닥에 끌리는 듯한 모양을 내준다.
3 도구(셀 스틱)를 이용해 눈의 위치를 잡은 뒤, 검정색 반죽을 이용해 눈알을 만들어 붙인다.

마녀 모자 만들기

이렇게 만드세요

1 검정색 모델링 반죽을 준비한다.
2 검정색 반죽을 적당한 두께로 민 다음 동그란 모양의 커터로 자른 뒤 굳힌다(모자 받침용).
3 사진처럼 검정색 반죽을 동그랗게 빚은 뒤 위가 뾰족한 원뿔 모양이 되도록 모자 윗부분을 만든다.
4 ❷의 반죽이 적당히 굳으면 풀을 이용해 ❸의 모자 윗부분과 붙인다.

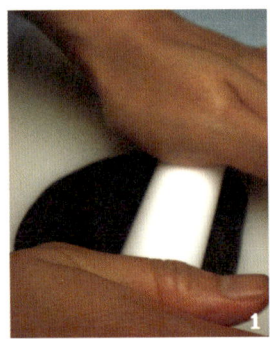

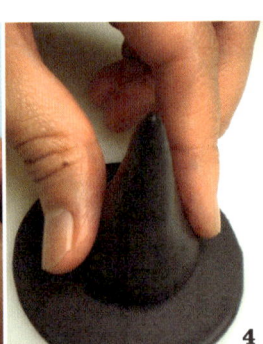

핼러윈 컵케이크 데커레이션하기

1 버터크림과 바닐라 컵케이크를 준비한다(버터크림 만들기 2 86쪽, 바닐라 컵케이크 만들기 115쪽 참조).

2 식용색소를 이용해 주황색 버터크림과 보라색 버터크림을 만든다.

3 준비한 바닐라 컵케이크 위에 원하는 깍지를 사용해 크림을 짜준다. 짤주머니가 없을 경우에는 나이프를 이용해 크림을 적당히 샌딩해도 좋다.

4 만들어 둔 핼러윈 장식품으로 컵케이크를 데커레이션한다.

펭귄 컵케이크 만들기

언젠가 영화 〈해리포터〉에서 아주 잠깐 본 케이크가 생각났어요. 하얀 눈이 펑펑 내리는 케이크 위에서 펭귄들이 스케이트를 타고 쌩쌩 달리는 아주 생동감 있는 케이크였죠. 정말로 케이크 위에서 펭귄들이 쌩쌩 달리는 케이크가 존재한다면 얼마나 재미있을까요? 그렇다면 아마도 크리스마스날에 아이들이 기뻐서 춤을 추겠죠. 물론 저 또한 마찬가지일 겁니다. 그 장면이 너무 인상에 남아 직접 만들어봤어요.

> **알아두세요**
> 아래의 모든 소품은 모델링 반죽(83쪽 참조)을 사용합니다.

펭귄 만들기

이렇게 만드세요
1 주황색, 검정색, 흰색 모델링 반죽을 준비한다.
2 사진을 참고해 펭귄 모양을 만들어서 풀로 붙인다.

데커레이션하기

1 바닐라 컵케이크와 버터크림, 우박 설탕을 준비한다(바닐라 컵케이크 만들기115쪽, 버터크림 만들기 2 86쪽 참조).
2 바닐라 컵케이크에 나이프를 이용해 버터크림을 샌딩한 다음 주위에 우박 설탕을 뿌려준다.
3 만들어둔 펭귄을 컵케이크 위에 올려 데커레이션한다.

Chapter
03

디저트
이야기

그냥 디저트가 아닌 이야기가 깃들어 있는 디저트를 만들어봤어요. 따뜻한 차와 가벼운 디저트, 쌉싸래한 커피와 달콤한 디저트, 지금껏 디저트를 주변에서 맴도는 사이드 메뉴로만 생각하신 건 아닌가요? 디저트만으로도 이야기와 추억을 만들 수 있어요. 로맨틱 무드 가득한 '생일 케이크'로 만들 수도 있고, 사랑하는 이를 생각하면서 당신의 마음을 다해 '올해의 한정판 디저트'를 만들 수도 있답니다.

우리 자매는 '건강'에 관심이 참 많습니다. 굳이 말하자면 사랑하는 엄마 때문입니다. 당뇨합병증으로 고생하셨거든요. 가벼운 당뇨는 규칙적인 운동으로 혈당 관리만 잘하면 별 무리가 없지만, 당뇨합병증이 오면 투석을 받는 상황이 생기기도 하고, 자칫하다가는 실명이 될 수도 있지요. 항상 먹을거리에 제한을 둘 수밖에 없는 엄마를 보면서 딸인 저희는 어떻게 하면 더 건강하고 맛있게, 즐겁게 먹을 수 있는 음식을 만들까를 고민했어요. 특히 엄마는 제철 과일을 참 좋아하셨어요. 제 생전 그렇게 많은 양의 자두는 처음 사본 것 같아요. 엄마가 유독 새콤달콤한 자두를 좋아하셔서 시장에서 2상자씩 사다 끼니 때마다 드리기도 했어요. 잘 익은 자두는 정말 향부터 다르거든요. 모든 생활에 제약이 있던 엄마의 유일한 낙은 '즐겁게 먹는 것'이었어요. 투병 생활이 오래되다 보면

우울증이 오기 쉬워 일부러 엄마에게 어렵지 않은 간단한 나물 무침이나 채소 다듬는 것을 부탁드렸어요. 그리고 먹는 즐거움을 위해 다양한 과일과 채소, 고기를 꿴 꼬치로 재미를 주었죠. 엄마가 즐거워하시면 저희도 덩달아 기분이 좋아지니까요.

그 시절의 이 추억이 제게는 즐거움 그 자체입니다. 항상 밍밍하고 싱거운, 비슷비슷한 음식만을 섭취할 수밖에 없었던 엄마를 생각하면서 만든 특별한 디저트가 있어요. 디저트는 기본적으로 달콤한 게 매력이지만 어린아이나 제한 식단을 섭취해야 하는 분도 드실 수 있는 담백하고 재료 고유의 맛을 느낄 수 있는 디저트도 꼭 필요하다고 생각해요. 물론 이런 디저트는 다이어트에도 도움을 준답니다. 그리고 '달콤 홀릭' 마니아를 위한 달콤한 디저트 또한 놓칠 수 없지요. 이 챕터에서는 버터가 아닌 식물성 오일로 만든 머핀, 버터 없이 쉽게 만들 수 있는 스콘, 채식주의자를 위한 통밀 머핀 등 평상시에 쉽게 접할 수 없는 디저트 등을 쉽고 재미나게 만들 수 있는 비법을 알려드릴게요. 담백한 디저트부터 정말 달콤 쌉싸름한 디저트까지….

당신의 숨결이 깃들어 있는 맛있는 디저트 이야기를 만들어보세요. 그것이 누군가에겐 행복한 추억이 될 테니까요.

Dessert

순수하고 건강한
디저트

딸기 그라니타

어렸을 적 엄마가 얼린 과일주스를 주시면 스푼으로 신나게 긁어 먹은 기억이 있어요. 그리고 사과가 남으면 냉동실에 통째 그냥 얼려 진짜 사과아이스크림을 만들어 먹은 기억도 나네요. 지금 소개할 메뉴는 바로 저의 '추억'입니다.

제일 중요한 건 바로 냉동실! 냉동실만 있으면 정말 누구나 손쉽게 만들 수 있어요. 얼린 후 포크 또는 숟가락으로 긁어서 차갑게 먹는 디저트랍니다. 무뚝뚝한 얼음 같지만 부드러운 과일 맛과 함께 셔벗 느낌도 나요. 무더운 여름철에 시원함과 당분을 동시에 보충해줄 수 있는 최고의 디저트예요. 한여름에 건강하게 먹을 수 있는 딸기 그라니타를 소개합니다.

이런 재료를 준비하세요
딸기 220g, 설탕 70g, 소금 조금, 차가운 물 1/2컵+1/4컵, 레몬주스 1/8컵

이렇게 만드세요
1 푸드 프로세서 또는 믹서에 딸기, 설탕, 소금을 넣고 곱게 간다.
2 ❶에 차가운 물과 레몬주스를 넣고 한번 더 간다.
3 준비한 냉동 용기에 ❷를 부은 다음 냉동실에 얼린다.
4 ❸을 1시간에 한번씩 냉동실에서 꺼내 포크로 긁어준다(최소 4회 반복).

블루베리 그라니타

눈에 좋은 블루베리는 예전에는 쉽게 볼 수 있는 과일이 아니었지만 요즘은 우리나라에서
도 직접 재배해 신선한 생블루베리를 맛볼 수 있게 됐어요. 굳이 생블루베리가 아니더라도
냉동 블루베리를 사용하시면 돼요. 공부하느라 지치고 힘든 아이나 회사에서 퇴근한 아빠
의 피로를 한방에 시원하고 건강하게 날려줄 수 있는 블루베리 그라니타예요.

1

2

2

이런 재료를 준비하세요
블루베리 225g, 메이플 시럽 1/4컵, 소금 조금, 차가운 물
1/2컵+1/4컵, 레몬주스 2작은술

이렇게 만드세요
1 푸드 프로세서 또는 믹서에 블루베리, 메이플 시럽, 소금
을 넣고 곱게 간다.
2 ❶에 차가운 물과 레몬주스를 넣고 한번 더 간다.
3 준비한 냉동 용기에 ❷를 부은 다음 냉동실에 얼린다.
4 ❸을 1시간에 한번씩 냉동실에서 꺼내 포크로 긁어준다(최
소 4회 반복)

딸기브로스와 리코타무스

봄이면 제철을 맞는 상큼한 딸기를 이용한 건강식 디저트랍니다. 브로스란 '걸쭉한 죽 또는 수프'라는 뜻이에요. 이 메뉴는 어린아이부터 연로한 부모님까지 모두가 좋아하는 무한한 매력을 지닌 디저트인 것 같아요.

부드러운 재료로 만들어 언제나 최고인 우리 엄마도 좋아하셨을 법한 부담 없는 디저트입니다. 더군다나 이가 안 좋은 어르신들이 드시기에 너무 좋아요.

식단 제한이 있는 분들은 대부분 음식을 싱겁게 드셔야 하잖아요. 이게 스트레스가 이만저만 아닌데 삭막한 일상에서의 일탈을 꿈꾸듯 잠시 '일상의 음식'에서 도망쳐서도 괜찮아요, 아주 가끔은!

일체의 첨가물이 들어 있지 않은 건강 디저트로, 시간이 조금 걸리긴 하지만 한번 맛보면 '정말 건강한 디저트구나!' 라는 걸 실감하실 수 있을 거예요. 이제 디저트도 건강하게 즐길 수 있다니까요!

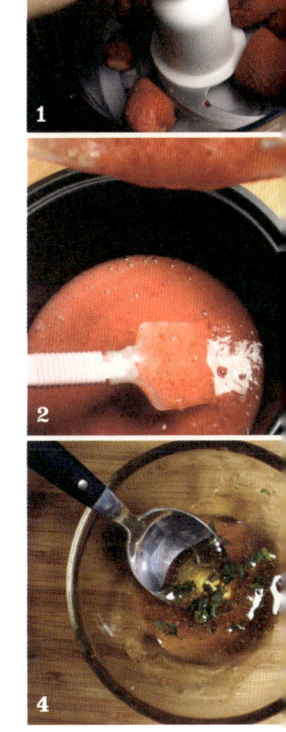

딸기브로스

만들기 전 알아두세요
미리 만들어야 할 재료: 리코타 치즈(하루 걸림) 3인분
동물성 생크림으로 준비하세요.

이런 재료를 준비하세요
딸기 310g, 프레시 라벤더 5장(기호에 따라서 양 조절), 꿀 42g, 레드와인 비니거
(또는 레몬주스) 1/4작은술

이렇게 만드세요
1 믹서에 딸기를 넣고 곱게 간다.
2 소스 팬(냄비)에 ❶의 딸기를 넣고 중간 불로 잠깐 끓인 뒤 바글바글 끓기 시작할 때 불을 끈다.
3 ❷를 실온에서 식힌 다음 밀폐 용기에 담아 냉장고에 넣어 차갑게 보관한다.
4 볼에 잘게 다진 라벤더 잎과 꿀을 넣고 고루 섞는다.
5 ❸을 냉장고에서 꺼내 ❹와 레드와인 비니거를 넣고 고루 섞는다.
6 ❺를 다시 냉장고에 넣어 차갑게 보관했다가 먹는다.

리코타 치즈

이런 재료를 준비하세요
우유 2컵, 생크림 1/2컵,
레몬주스 1/8컵, 소금 1/4작은술, 면포, 거름망

이렇게 만드세요
1 큰 소스 팬에 우유와 생크림을 붓고 중간 불에서 끓인다.
2 기포가 올라오면서 끓기 시작하면 레몬주스와 소금을 넣고 주걱으로 잘 저은 뒤 약한 불(은근한 불)에서 끓인다(뚜껑을 덮지 마세요!).
3 뚜껑을 덮지 않은 상태에서 주걱으로 젓지 않고 약한 불에서 30분 동안 끓인다.
4 시간이 흐르면 약간 순두부 형태처럼 몽글몽글한 덩어리가 보이면서 치즈 냄새가 난다.
5 덩어리가 많아지면 불을 끄고 아래 쪽에 큰 볼을 놓고, 위쪽에 거름망과 면포를 얹는다.
6 ❺의 끓인 내용물을 거름망에 걸친 면포 위에 부은 다음 복주머니 모양처럼 아물린 뒤 그 위에 무게가 나가는 물건을 올린다(두부의 간수를 빼듯이).
7 ❻의 치즈 덩어리가 충분히 굳으면 냉장고에 넣어 보관한다(하루 정도 물기를 충분히 빼주세요).

리코타 치즈 무스

이런 재료를 준비하세요

리코타 치즈 112g, 라벤더 꿀 21g(잡화 꿀을 넣어도 상관없어요. 꿀에 프레시 라벤더를 다져 넣어도 되고요), 레몬주스 2큰술, 차가운 물 1큰술, 젤라틴 가루 1/2작은술+1/4작은술, 생크림 1/2컵(두 번 나눠서 사용해요.)

이렇게 만드세요

1 푸드 프로세서에 리코타 치즈와 꿀, 레몬주스를 넣고 부드러워질 때까지 돌린 다음 용기에 담아 냉장고에 보관한다.
2 소스 팬에 차가운 물과 젤라틴 가루를 넣은 다음 젤리처럼 부드러워질 때까지 5～10분 정도 둔다.
3 ❷에 생크림을 1/8컵(30㎖) 정도만 넣은 후 약한 불에서 젤라틴 덩어리가 녹을 때까지 저으면서 끓인 후 실온에서 식힌다(덩어리가 다 녹으면 불에서 바로 내리세요).
4 믹서에 남은 생크림(95㎖ 정도)을 넣고 휘핑한다.
5 ❹의 생크림이 약 70～80% 정도까지 부풀면 ❸의 젤라틴 믹스한 것을 넣고 다시 한 번 돌린다(단, 오버 휘핑하지 마세요!).
5 ❶과 ❺를 주걱으로 조심스럽게 섞은 다음, 냉장고에 차갑게 보관한다.

가니시

이런 재료를 준비하세요
딸기 5~7개, 산딸기 5~7개(기호에 따라 준비하세요), 메이플 시럽 1큰술, 프레시 허브(바질 등) 조금,
쿠키 크럼·콘플레이크 조금씩

이렇게 만드세요
딸기를 얇게 저며 메이플 시럽에 담근 다음 가볍게 섞고 나머지 재료는 그 상태 그대로 준비한다.

데커레이션하기

1 수프 볼에 딸기 브로스를 붓는다.
2 ❶에 리코타 치즈 무스를 한 스푼 크게 떠서 올린다.
3 리코타 치즈 무스 엎으로 메이플 시럽에 담근 저민 딸기를 얹은 다음 바질 있으로 장식한다.
Tip 집에 있는 콘플레이크나 크림을 잘게 잘라서 뿌려주면 아이들이 무척 좋아해요.

맛있게 먹는 방법이에요
냉장고에 넣어 차갑게 보관했다가 꺼내서 바로 드시는 것이 좋아요.
보관할 때에는 수분이 날아가기 쉬우므로 꼭 밀폐 용기에 보관하세요.

비트스파이스오트밀과
요거트

서양의 빨간 무와 오트밀이 만나 탄생한 건강식 디저트예요. 달지
않고 담백한, 매력적인 붉은색의 비트와 오트밀이 들어 있어 먹을거
리에 제한을 둘 수밖에 없는 분들에게도 좋아요. 다이어트 메뉴로도
좋은 디저트이자 남녀노소 모두 맛있게 먹을 수 있는 디저트이기도
해요. 좀 더 달콤한 맛을 원한다면 취향에 따라 꿀이나 메이플 시럽
등을 끼얹어 먹을 수도 있고요.
이 디저트는 물기 뺀 요거트에 다진 마늘이 들어가야 참맛을 느낄
수 있어요. 약간 익힌 사각사각한 비트와 양념한 요거트, 그리고 각
종 향신료로 코팅한 오트밀까지…. 그뿐만 아니라 디저트를 만들면
서 다른 나라의 다양한 향신료를 직접 보고, 맛보는 재미도 있어요.
멀리 갈 필요 없이 나만의 작은 부엌에서 다양한 국적의 재료로 그
나라의 맛을 여행하는 것도 멋지지 않을까요? 재료 고유의 맛을 그
대로 느낄 수 있는 건강 디저트랍니다.

만들기 전 알아두세요

미리 만들어야 할 재료 : 물기 뺀 요거트
가정용 전기 광파 오븐 기준 160℃ 예열
(일반 오븐은 위의 온도에서 약 25℃ 정도 올려 예열하세요.)
비트를 얇게 저민 다음 올리브오일을 두른 팬에 살짝 구워주세요.
1/8작은술은 1/4작은술의 절반 분량입니다.

물기 뺀 요거트

이런 재료를 준비하세요

플레인 요거트(시판용) 4개, 거름망, 면포

이렇게 만드세요

1 거름망에 면포를 깐 다음 그 위에 플레인 요거트를 올린다.
2 ❶의 면포를 아물린 다음 그 위에 무게가 나가는 것을 올려놓고 4시간 동안 물기가 빠질 때까지 냉장고에 둔다.

Tip 참, 쉽죠? 이렇게만 하면 간단하게 물기 뺀 요거트가 완성돼요. 사워크림이 좀 더 단단해진 것 같은 느낌도 나고, 치즈 느낌도 나요.

비트스파이스

Tip 호두를 예열한 오븐이나 달군 팬에 살짝 구워서 식힌 뒤 다져서 뿌리면 더 고소하고 맛있어요. 디저트 자체의 맛이 아주 담백한 만큼 달콤한 맛을 좋아하는 분이라면 아가베 시럽이나 꿀, 메이플 시럽 등을 끼얹어 드셔도 좋아요.

이런 재료를 준비하세요

올리브오일 1큰술 + 여분으로 조금 더 준비해주세요.

스파이스 가루 1/8작은술, 너트메그 가루 1/8작은술, 카다몸 씨앗가루 조금, 정향 2개(다져서 가루로 만들어 놓기), 시나몬 파우더 1/4작은술, 코리앤더 씨앗가루 1/2작은술, 오트밀 1컵+1/2컵, 구운 비트 (0.3~0.5mm두께) 여러 조각, 물기 뺀 요거트 1/2컵, 마늘 1쪽, 소금 조금, 호두(가니시용) 적당량

이렇게 만드세요

오븐 160℃로 예열하기

1 프라이팬에 올리브오일 1/2큰술을 넣고, 스파이스 가루, 너트메그, 카다몸, 정향, 시나몬, 코리앤더 등의 각종 향신료 가루를 넣는다.

2 ❶의 향신료를 볶다가 지글지글 끓으면 오트밀을 넣고 1~2분 정도 더 볶는다.

3 ❷의 오트밀을 우묵한 그라탱 그릇이나 오븐에 구울 수 있는 큰 팬으로 옮긴다.

4 주걱으로 ❸의 오트밀을 평평하게 편 다음, 그 위에 살짝 구운 비트를 올린다. 이때 비트와 오트밀 위에 올리브오일 적당량을 전체적으로 끼얹는다.

5 ❹의 오트밀을 담은 내열 그릇을 베이킹 팬 위에 올리고 쿠킹포일로 커버를 씌운다.

6 예열한 오븐에 ❺의 오트밀 그릇을 넣고 20분 정도 굽는다.

7 ❻의 그릇을 뜨거울 때 꺼내 쿠킹포일을 벗긴 후 그릇째 완전히 식힌다.

8 볼에 물기를 뺀 요거트를 담고 소금과 다진 마늘을 섞어 양념한다.

9 ❼의 식힌 오트밀 비트 위에 ❽의 요거트를 한 큰술씩 떠서 올린다.

10 ❾의 그릇에 다진 호두를 뿌려 가니시로 장식한다(기호에 따라 다른 종류의 견과류도 상관없어요).

로스티드브리셔 무슬리

무슬리는 전 세계 사람들이 즐겨먹는 메뉴 가운데 하나인 것 같아요. 통곡물이 그대로 씹히는 무슬리로 오트밀과 말린 과일, 견과류를 함께 섭취할 수 있어 영양도 만점이랍니다. 조금 색다르게 즐기고 싶을 때는 녹인 초콜릿을 조금 섞어 굳힌 뒤 먹으면 크런치 바처럼 먹을 수 있어요. 바삭바삭 씹히는 오트밀이 구수해 너무나 좋습니다. 재료 고유의 맛을 느껴보세요.

만들기 전 알아두세요

가정용 전기 광파 오븐 기준 180℃ 예열(일반 오븐은 위의 온도에서 약 25℃ 정도 올려서 예열하세요.)

로스티드 무슬리

이런 재료를 준비하세요

오트밀 1컵, 아몬드 1/4컵, 호두 1/4컵, 크랜베리(기호에 따라) 조금, 꿀 30g,
드라이 애플(사과를 얇게 저며 구운 것) 10조각, 요거트(서브할 때)

이렇게 만드세요

1 볼에 오트밀, 아몬드, 호두, 크랜베리를 담고 꿀을 섞는다(견과류 믹스).
2 코팅된 베이킹 팬을 준비한 다음 ❶의 견과류 믹스를 담고 예열한 오븐에 넣어 황금색이 날 때까지 15분간 구워 무슬리를 만든다.
3 서브할 때 그릇에 담은 무슬리에 요거트와 드라이 애플 조각을 올려 함께 낸다(드실 때 드라이 애플이 없다면 좋아하는 생과일을 곁들여도 돼요).

드라이 애플

이런 재료를 준비하세요

사과 1/2개

이렇게 만드세요

1 잘 익은 사과를 골라 얇게 저민 다음 키친타월로 수분을 닦는다.
2 코팅된 베이킹 팬에 ❶이 저민 사과를 올린 뒤 100℃로 예열한 오븐에서 1시간 정도 굽는다.
3 ❷의 구운 사과를 식힘 망에 얹은 다음 완전히 식힌다.

통밀가루 초콜릿칩쿠키

어렸을 적 엄마가 만들어주시던 밀가루 음식에는 꼭 우리나라에서 자라나는 우리 밀 밀가루와 통밀이 같이 들어 있었어요. 통밀이 얼마나 고소한지 아세요? 통밀로 만든 쿠키는 다른 쿠키와 비교해도 떨어지지 않을 만큼 고소한 동시에 특유의 씹는 맛을 지니고 있어요. 저는 평소 통밀가루와 일반 밀가루를 절반 정도씩 혼합해서 음식을 만들곤 해요. 통밀 맛에 한번 길들면 정말 다른 것은 상상할 수도 없어요.

이번에 소개할 통밀 초콜릿칩쿠키는 가장 기본적이지만, 보통 초콜릿칩쿠키와는 달라요. 100% 통밀가루를 이용해 더욱 바삭하고 단단한 초콜릿칩쿠키거든요. 적정한 단맛과 통밀의 담백함, 그리고 무엇보다 씹는 맛이 너무 좋아요. 이 초콜릿칩 덕분에 저는 통밀의 그 구수한 맛과 향을 더욱 사랑하게 됐습니다. 초콜릿을 좋아하는 분은 초콜릿칩을 더 넣어 만드셔도 좋아요. 한 가지 더, 구운 다음 열기를 완전히 식힌 뒤 당일에 먹는 게 가장 맛있어요!

만들기 전 알아두세요
가정용 전기 광파 오븐 기준 150℃ 예열(일반 오븐은 위의 온도에서 약 25℃ 정도 올려서 예열하세요.)

이런 재료를 준비하세요
통밀가루 1컵+1/2컵, 베이킹파우더 1/2작은술+1/4작은술, 베이킹소다 1/2작은술, 소금 1/2작은술+1/4작은술, 버터 112g, 흑설탕 1/2컵, 흰설탕 1/2컵, 달걀 1개, 바닐라 익스트랙 1작은술, 초콜릿칩 100g

이렇게 만드세요
1 볼에 통밀가루, 베이킹파우더, 베이킹소다, 소금을 한데 체에 거른다(가루류 믹스).
2 또 다른 볼에 실온에 둔 버터를 담아 부드럽게 크림화시킨다.
3 ❷의 버터에 흑설탕과 흰설탕을 넣고 약 2분 정도 부드러운 질감이 될 때까지 거품기로 휘핑한다.
4 ❸에 달걀과 바닐라 엑스트랙을 넣어 고루 섞는다.
5 ❹에 ❶의 체에 내린 가루 믹스를 넣고 부드럽게 섞다가 초콜릿칩을 넣어 설설 섞는다.
6 쿠키 팬에 ❺의 쿠키 반죽을 1큰술씩 떠 둥글게 모양을 만든 다음 손으로 가볍게 눌러 예열한 오븐에 넣고 약 15~18분 정도 굽는다.

Tip 손바닥만 한 크기의 쿠키를 원하신다면 3큰술 정도의 양으로 크게 빚어 구워보세요! 크기가 큼직해서 먹는 맛도, 씹는 맛도 정말 좋아요!

통밀 컵케이크

최근 우리나라도 점차 채식 위주로 식단을 짜는 채식주의자가 늘어나는 추세예요. 아토피 때문에 어쩔 수 없이 채식을 해야 하는 분도 늘었고요. 저도 한때 채식 위주의 식단을 실천하려고 애써 봤지만 생각처럼 쉽지는 않더라고요. 그리고 시중에 파는 식재료의 성분을 보면 진정한 채식주의자를 위한 제품은 찾아보기 힘들어요.

이번에 소개할 케이크는 100% 통밀과 식물성 오일로 만든 채식주의자를 위한 맛있고 건강한 통밀 컵케이크예요. 통밀의 구수함과 함께 부담 없이 즐길 수 있는 건강함이 매력적인 컵케이크랍니다. 통밀 컵케이크에는 그 어떤 유제품도 들어 있지 않아요. 수입 밀가루 대신 통밀을 넣었고, 달걀, 우유, 버터도 넣지 않았어요. 맛이 담백해 저도 자주 즐기는 컵케이크 중 하나랍니다. 이 통밀 컵케이크는 아이를 위한 간식으로 제격이에요. 저는 어린아이일수록 순수한 맛에 길들여져야 한다고 생각하는 사람이에요.

장식용 크림도 그리 어렵지 않게 만들 수 있어요. 요것도 순식물성 크림이고요. 솔직히 크림을 만들 때 유제품 없이 만들기는 참 까다롭거든요. 하지만 이번에는 보라색 채소인 '가지'를 이용해 건강한 가지 크림을 만들어볼게요. 따라 하기도 정말 쉬워요!

어린아이를 위한 간식으로도, 생일 케이크로도 추천할 만한 컵케이크랍니다.

만들기 전 알아두세요

가정용 전기 광파 오븐 기준 145℃ 예열(일반 오븐은 위의 온도에서 약 25℃ 정도 올려서 예열하세요.).

통밀 컵케이크

이런 재료를 준비하세요

통밀가루 2컵, 베이킹소다 2작은술+1/4작은술, 소금 1/4작은술, 설탕 1컵, 물 1/2컵+1/3컵, 레몬주스 약 1/3 컵 절반 분량(40ml), 카놀라유 약 1/3컵 절반 분량(40ml), 사과식초 1큰술+1/2큰술, 바닐라 익스트랙 1큰술

이렇게 만드세요

1 볼에 통밀가루, 베이킹소다, 소금을 한데 섞어 체에 내린다.
2 다른 볼에 설탕과 물, 레몬주스, 카놀라유, 식초, 바닐라 익스트랙을 넣어 거품기로 잘 섞는다.
3 ❶과 ❷를 한데 담고 잘 어울리도록 주걱으로 섞는다.
4 머핀 틀에 유산지를 깔고 ❸의 반죽을 아이스크림 스쿱으로 한 번씩 떠넣는다(아이스크림 스쿱이 없으면 숟가락을 이용하세요).
5 ❹의 컵케이크 반죽을 예열한 오븐에 넣고 약 20분 정도 굽는다.

가지 크림

이런 재료를 준비하세요

가지 2개, 간 현미튀밥 또는 미숫가루 적당량

이렇게 만드세요

1 가지 2개를 찜기에 푹 찐다.
2 ❶의 가지를 식힌 후 믹서에 넣고 곱게 간다.
3 ❷의 곱게 간 가지에 간 현미튀밥이나 미숫가루를 적당량 넣고 흐르지 않을 정도의 농도로 맞춰 가지 크림을 만든다.
4 완성한 통밀 컵케이크에 ❸의 가지 크림을 샌딩해 컵케이크를 완성한다.

블루베리 애플 크럼블

정말 담백하게 즐길 수 있는 블루베리 애플 크럼블이에요. 특별히 달거나 자극적이지 않아 건강식 디저트로도 좋고요. 크럼블을 먹을 때 바삭한 오트밀의 씹히는 맛과 더불어 블루베리 고유의 맛과 달콤한 사과 맛도 볼 수 있어요. 다른 첨가물은 전혀 넣지 않아 한입 먹으면 "정말 담백하구나!"라는 감탄사가 절로 나오실 거예요. 저도 처음 맛봤을 때 깜짝 놀랐거든요. 다른 첨가물 맛은 절대 찾을 수 없어 이거야말로 건강식 디저트로 최고라는 생각이 들었거든요. 밤늦은 시간에 부담 없이 디저트를 먹고 싶을 때 가장 잘 어울린답니다.

담백한 디저트를 즐기고 싶을 때 후다닥 만들어보세요.
우리 엄마가 정말 좋아하셨을 만한 디저트예요. 엄마는 과일을 무척이나 좋아하셨는데 날씨가 추워지면 온갖 과일을 전자레인지에 돌려서 따뜻하게 드셨어요. 그때는 "저 맛있는 걸 왜 전자레인지에 돌려서 뜨겁게 먹나?"라고 생각했는데 역시 엄마의 선택은 탁월했어요. 지금 생각해보니 그것 역시 제가 그 당시에 다른 곳에서는 맛볼 수 없는 디저트였거든요. 역시 지구상의 모든 어머니는 위대하세요.
단 걸 못 먹는 환자분들에게도 좋은 디저트가 될 것 같아요. 환자를 위해 만드시려면 설탕 대신 아가베 시럽이나 메이플 시럽 등, 몸속에 당 흡수가 덜 되는 재료로 대체해서 만드세요. 저도 한때 몸이 안 좋아 빵 종류를 2년 정도 못 먹은 적이 있는데, 그때 엄마께서 대체 재료들로 바꿔 넣고 만들어주신 적이 많았어요. 아프다고 이것저것 가리지 말고 대체할 만한 재료를 넣어 여러 가지 스타일로 응용해보세요.

과일 믹스

만들기 전 알아두세요
가정용 전기 광파 오븐 기준 155℃ 예열
(일반 오븐은 위의 온도에서 약 25℃ 정도 올려서 예열하세요).

이런 재료를 준비하세요
블루베리 120g, 사과 300g, 설탕 1큰술

이렇게 만드세요
볼에 네모나게 썬 사과와 블루베리, 설탕을 넣고 고루 섞는다.

크럼 믹스

이런 재료를 준비하세요

밀가루 50g, 황설탕 2큰술, 버터 50g, 아몬드가루 25g, 오트밀 50g

이렇게 만드세요

1 푸드 프로세서에 밀가루, 황설탕, 버터, 아몬드가루를 넣고 작은 크럼 (덩어리)으로 뭉쳐질 때까지 돌린다.

작은 크럼이 되면 멈춘 다음 오트밀을 넣고 다시 주걱으로 설설 섞는다.

2 베이킹 팬에 과일 믹스를 깐 다음 그 위에 ❶의 오트밀 크럼을 뿌린다.

3 ❷를 예열한 오븐에 넣어 35~45분가량 굽는다.

위에 뿌려둔 오트밀 크럼이 황금색을 띠면 완성이에요!

1

2

1

2

Dessert

내 입속의
달콤한 런웨이

초콜릿 트리플

요 녀석을 처음 본 순간 슈렉의 진흙 목욕탕이 생각났어요. 그런가 하면 달콤한 초콜릿 푸딩도 떠오르고요. 여러 사람이 모인 파티에 넉넉하게 준비해 가면 모두에게 달콤한 행복을 전달할 수 있어요. 모카브라우니에 딸기가 콕콕 박힌, 그냥 봐도 흐뭇한 미소가 절로 지어지는 초콜릿 트리플입니다.

커다란 볼에 준비한 재료를 차례로 쌓고, 그 위에 알록달록한 초를 장식하면 세상에 단 하나뿐인 생일 케이크를 만들 수 있어요. 일반 케이크처럼 잘라서 먹는 게 아니라 포크나 스푼으로 떠먹는 케이크예요. 은은한 향이 나는 모카브라우니와 한입 베어물 때 입속 가득 채워지는 딸기 과즙, 그리고 부드럽고 달콤한 초콜릿 푸딩을 한 번에 맛볼 수 있는 디저트랍니다. 이 모든 것이 완벽한 하모니를 이룬 맛을 선사해줘요.

모카브라우니

만들기 전 알아두세요

가정용 전기 광파 오븐 기준 155℃ 예열(일반 오븐은 위의 온도에서
약 25℃ 정도 올려서 예열하세요.)
달지 않은 베이킹용 코코아파우더를 준비하세요.
동물성 생크림으로 준비하세요.
1/8컵은 1/4컵의 절반 분량입니다.

이런 재료를 준비하세요

박력분 1/2컵, 베이킹파우더 1/4작은술, 코코아파우더 1/8컵, 소금 1/4작은술,
버터 56g, 초콜릿 100g, 설탕 1/2컵+1/8컵, 달걀 1개+1/2개,
인스턴트커피가루 1작은술

이렇게 만드세요

1 볼에 박력분, 베이킹파우더, 코코아파우더, 소금을 한데 섞어 체에 내린다.
2 버터와 초콜릿을 중탕한다. 초콜릿이 다 녹으면 불에서 내린 뒤 실온에서
식힌다.
3 큰 볼에 설탕과 달걀을 넣고 거품기로 잘 섞은 뒤 ❷의 중탕한 초콜릿을 넣고
잘 젓는다.
4 ❸의 볼에 ❶의 밀가루와 커피가루를 넣고 고루 섞는다.
5 오일을 바른 팬(지름 21cm 크기)에 ❹의 반죽을 얇게 펼친 다음 예열한
오븐에 넣어 17분 정도 굽는다.
6 다 구워지면 오븐에서 꺼낸 뒤 식힘망에서 한 김 식힌다.

초콜릿 푸딩

이런 재료를 준비하세요

설탕 1/3컵, 옥수수녹말 1/8컵, 코코아파우더 1큰술, 달걀노른자 3개 분량, 우유 1컵+1/2컵, 초콜릿 112g

이렇게 만드세요

1 큰 소스 팬에 설탕, 옥수수녹말, 코코아파우더를 넣고 섞은 뒤 달걀노른자를 넣고 우유를 부어가면서 거품기로 잘 섞는다.

2 ❶의 소스 팬을 중간 불에서 데우는 데, 끓기 시작하면서 믹스가 끈적끈적해지면 재빨리 불을 끈다.

3 ❷의 소스 팬에 초콜릿을 넣고 남은 열기로 녹을 때까지 거품기로 잘 저어준다(초콜릿이 잘 녹지 않으면 다시 불을 켜 초콜릿을 완전히 녹여주세요).

4 ❸의 푸딩 믹스가 부드러워지고 초콜릿 덩어리가 없어질 때까지 계속 저어준다.

5 ❹의 푸딩 믹스를 냉장고에 넣어 1시간 동안 차갑게 식힌다 (30분마다 꺼내 적당히 흐를 정도의 농도가 될 때까지 거품기로 저어주세요).

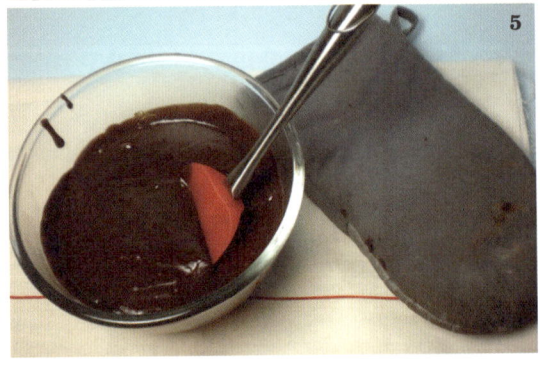

휘핑크림

이런 재료를 준비하세요
동물성 생크림 1컵, 설탕 1큰술, 라즈베리 리큐르 1/2작은술(넣으면 풍미가 한결 좋아지지만 없으면 안 넣어도 돼요)

이렇게 만드세요
전기 믹서에 아무것도 첨가하지 않은 동물성 생크림과 설탕, 라즈베리 리큐르를 넣고 곱게 휘핑한다. 크림이 부풀어오르면 끝! 밀폐 용기에 담아 냉장고에 넣어 차갑게 보관한다.

데코레이션하기

1 모카브라우니를 적당하게 네모난 크기로 자른 뒤 절반 정도의 양을 큰 유리볼 밑바닥에 깔고, 차가운 초콜릿푸딩의 절반 분량만 붓는다.
2 ❶의 위쪽에 몇 개의 딸기를 올리고, 휘핑크림의 절반 분량만 스푼으로 떠서 보기 좋게 올린다.
3 위의 과정을 한번 더 반복한다.
4 마지막 데커레이션으로 휘핑크림 위에 딸기를 올린다.

Tip 냉장고에 넣어 차갑게 만든 후 먹는 것이 더 맛있어요.

165

울트라 아빠를 위한 바노피 파이

고단한 시대를 잘 이겨내시고, 우리 자매를 훌륭히 키워주신 아버지를 위해 준비한 바노피 파이입니다. 남들에게 내세울 만큼 잘난 딸이면 좋았을 텐데 그렇지 못한 것 같아 늘 죄송한 마음뿐이랍니다.

우리 아버지는 마라톤을 굉장히 즐겨하세요. 정말 선수라는 직함만 달지 않았을 뿐, 선수라고 해도 과언이 아닐 만큼 마라톤에 푹 빠져 계시죠. 42.195km 거리의 마라톤은 동네 달리기라고 생각하고 뛰시고, 100km, 300km, 500km 거리의 마라톤을 일주일 내내 잠도 제대로 주무시지 않고 뛰신답니다. 그래도 그것이 '내가 행복해 하는 유일한 낙'이라고 생각하는 분이세요. 마라톤을 향한 아버지의 마음은 '절대적인 무한 사랑'인 것 같아요.

우리 아버지는 제가 베이킹 하는 것을 그리 달가워하지 않으세요. 그런 아버지께서 처음으로 환한 얼굴로 받아주신 디저트가 이 바노피 파이였답니다. 아버지 생일 케이크로 바노피 파이를 만들어 드렸거든요. 데커레이션은 급조로 아버지가 마라톤 뛰시는 사진을 프린트한 다음 코팅해서 올렸어요. 우리 자매의 아버지는 전문 마라토너인 황영조 선수도 울고 갈 '세기의 울트라 마라토너'랍니다!

아버지, 너무 멋지세요! 진심으로 생일 축하드려요!

바노피 파이는 완성 후 차갑게 해서 바로 먹는 것이 가장 맛있답니다.

만들기 전 알아두세요
가정용 전기 광파 오븐 기준 150℃ 예열(일반 오븐은 위의 온도에서 약 25℃ 정도 올려서 예열하세요.)
마스카포네 크림은 미리 만들어 놓으세요.
동물성 생크림으로 준비하세요.

마스카포네 크림

이런 재료를 준비하세요
마스카포네치즈 3/4컵, 생크림 1컵+1/2컵(휘핑해 놓으세요), 설탕 2큰술, 바닐라 익스트랙 1/2작은술, 소금 약간

이렇게 만드세요
1 준비한 모든 재료를 볼에 한데 넣고 고루 섞은 뒤 냉장고에 8시간 정도 넣어둔다.
2 사용하기 1시간 전에 냉장고에서 꺼낸 뒤 다시 한 번 주걱으로 부드럽게 섞어준다.

파이 크러스트

이런 재료를 준비하세요
다이제스티브(시판 통밀 과자) 1통, 버터 40g

이렇게 만드세요
1 다이제스티브 과자를 푸드 프로세서에 적당하게 간다(밀대 같은 것으로 잘게 두들겨도 좋아요).
2 ❶의 간 과자에 녹인 버터를 섞은 다음 지름 21cm의 파이 틀에 넣고 손으로 꾹꾹 눌러가며 모양을 만든다.
3 ❷의 파이 크러스트 반죽을 예열한 오븐에 넣어 10분 정도 구운 뒤 꺼내 식힌다(뜨거울 때 파이 틀에서 크러스트 반죽을 분리하시면 안 돼요!).

바나나 믹스

이런 재료를 준비하세요
바나나 2개+우유 1/3컵, 황설탕 4큰술, 어슷 썬 바나나 1개

이렇게 만드세요
1 바나나와 우유를 믹서에 넣고 곱게 간다.
2 프라이팬을 뜨겁게 달군 뒤 황설탕을 넣고 살짝 흔들어준다.
3 ❷의 설탕이 녹아 캐러멜화되면서 끓기 시작하면 ❶의 바나나 믹스를 넣고
황금색이 나도록 한 번 더 끓인다(약간 졸이는 듯한 느낌이에요).
4 파이 크러스트에 ❸의 필링을 평평하게 부은 다음 실온에서 굳힌다.
5 ❹의 파이가 완전히 굳으면 어슷 썬 바나나를 올려 장식한다.

커피 익스트랙 만드는 과정

이런 재료를 준비하세요
커피 익스트랙 1큰술(인스턴트커피가루 1큰술+뜨거운 물 1큰술), 바닐라 익스트랙 1작은술,

데커레이션하기

1 바나나로 장식한 파이 크러스트에 마스카포네 크림을 얹은 다음 커피 스트랙을 떨어뜨려 한두 번 정도 가볍게 섞는다(완전히 섞는 게 아니라 커피의 결이 보일 정도로 살짝만 섞어주세요).
2 녹인 초콜릿을 평평한 곳에서 굳힌 다음 칼로 긁어 얇은 컬을 만든 뒤 바노피 파이 윗면에 자연스럽게 뿌려주면 완성!

초콜릿머랭 커피레이어케이크

케이크를 좋아하고, 만드는 사람이지만 저도 지나치게 단 디저트나 케이크는 별로 좋아하지 않아요. 이런 제게 기분 좋은 달달함이 무언지를 느끼게 해준 아이를 발견했어요. 바로 달걀흰자와 설탕으로 만드는 머랭쿠키예요.

머랭쿠키는 정말 기분 좋은 달콤함만 선물해주는 것 같아요. 조금 얇고 넓적하게 만든 머랭 몇 장과 생크림, 녹인 초콜릿을 차례대로 쌓아 머랭케이크를 만들어봤어요. 케이크와 크림으로 이뤄진 평범한 케이크가 아니라 약간은 색다른 머랭케이크! 누구의 생일날도, 어떤 특별한 의미가 있는 날도 아니었지만 우리 자매는 늦은 저녁 이 머랭케이크에 초를 꽂고 그냥 오늘 하루에 감사하며 이 디저트를 즐겼어요. 만드는 동안 맛본다는 핑계로 한 입, 두 입⋯. 파트너의 잔소리가 이어졌지만 이건 마법의 약과도 같은 디저트인 것 같아요.

마음이 조금 스산하고 쌀쌀한 계절에 어울릴 법한 디저트로 해가 뉘엿뉘엿 지는 저녁 시간에 센티멘털해진 당신에게 추천해주고 싶은 달콤한 디저트랍니다.

만들기 전 알아두세요

가정용 전기 광파 오븐 기준 120℃ 예열한 후 50분~1시간 정도 구우세요(일반 오븐은 위의 온도에서 약 25℃ 정도 올려서 예열하세요).
생크림은 휘핑해서 미리 준비한 다음 용기에 담아 냉장고에 보관해두세요.
동물성 생크림으로 준비하세요.

기본 머랭

이런 재료를 준비하세요
달걀흰자 2개 분량, 슈거파우더 1/2컵+1/4컵(총 120g)

이렇게 만드세요
전기 믹서에 달걀흰자를 넣고 돌리다가 어느 정도 머랭이 올라오면 슈거파우더를 넣고 돌린다. 끈적끈적해지고 부풀면서 빛이 나면 완성(짧게 돌리지 말고, 끈적끈적해지면서 빛나는 상태가 될 때까지 계속 돌리세요). 주걱으로 들었을 때 무게감이 있고 반죽이 고정돼 있으면 OK! 단, 반죽이 주걱에서 많이 흐르거나 떨어지면 전기 믹서로 더 돌려서 단단하게 만들어 준다.

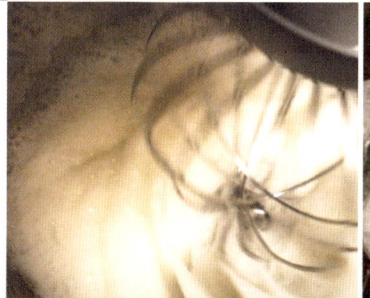
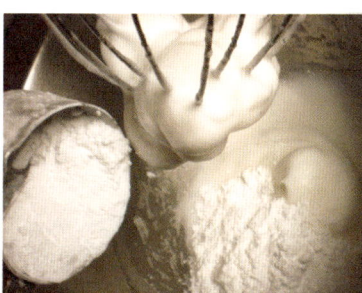

머랭 믹스 반죽

이런 재료를 준비하세요

기본 머랭 만들어 놓은 것, 아몬드가루 1/4컵

이렇게 만드세요

1 기본 머랭 반죽의 거품이 꺼지지 않게 주의하면서 주걱으로 조심스럽게 아몬드가루를 섞는다.

2 베이킹 팬에 오일을 얇게 코팅한 뒤 가로 10cm 정도의 크기로 머랭 반죽을 동그랗게 바른 뒤 굽는다(이때 머랭을 조금 얇게 펴주세요).

3 예열한 오븐에 ❷의 팬을 넣어 50분~1시간 굽는다(머랭이 단단해질 때까지 구워야 해요). 오븐에서 꺼내서 떼어낼 때 눅눅하거나 찐득한 것 같으면 좀 더 구워야 해요.

4 팬에서 머랭을 떼어낼 때는 나이프를 이용해 머랭을 조심스럽게 긁어내듯 떼어내야 한다(자칫하다가는 머랭이 깨질 수도 있으니 조심하세요).

Tip 머랭은 일정한 온도에서 오랫동안 구워야 하는 디저트랍니다. 잘 구워진 머랭은 떼어낼 때 깔끔하게 떨어지지만 약간의 인내심을 갖고 해야 하는 작업이에요.

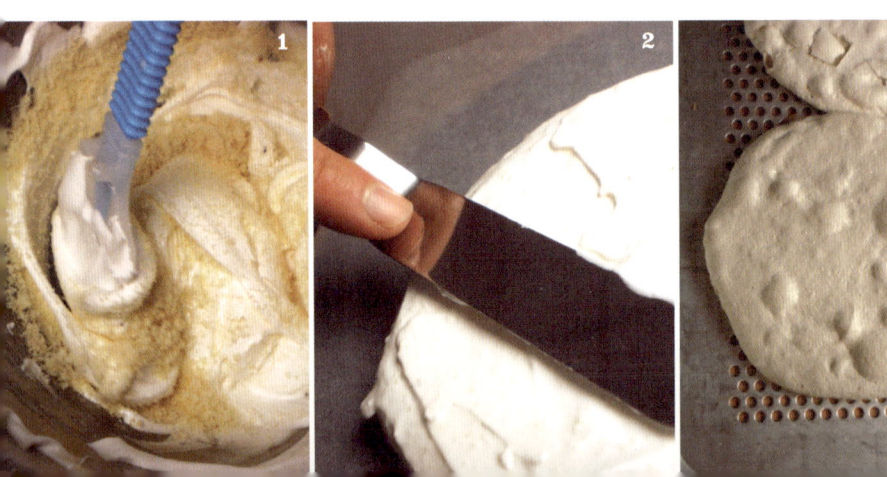

초콜릿 크림

이런 재료를 준비하세요
초콜릿 200g, 생크림 1/4컵, 커피가루 1작은술

이렇게 만드세요
1 소스 팬에 분량의 초콜릿+생크림+커피가루를 넣고 약한 불에서 뭉근하게 끓인다.
2 초콜릿이 완전히 녹을 때까지 저어주면서 끓인 다음 실온에서 식힌다.

휘핑 크림

이런 재료를 준비하세요
생크림 1/2컵+1/4컵

이렇게 만드세요
준비한 생크림을 전기 믹시로 풍성하게 휘핑한다.

데커레이션하기

1 머랭 위에 초콜릿 크림을 펴 바른 다음 그 위에 휘핑한 생크림을 바른다(초콜릿 크림이 너무 굳어버리면 샌딩하기가 힘들어요. 초콜릿 크림이 굳으면 다시 불에 잠깐 올려 부드럽게 만든 뒤 샌딩하세요).
2 ❶의 스프레드한 머랭 위에 다시 머랭을 얹고 위의 과정을 반복한다.

카푸치노 초콜릿 레이어케이크

겨울의 끝자락이 보일 무렵 제일 기다려지는 건 봄 향기예요. 날씨는 아직 쌀쌀하고 추운데, 불어오는 바람을 마주하고 있노라면 어딘가에서 풍겨오는 향긋한 봄 냄새를 맡을 수 있거든요. 무려 1년 동안 기다리던 바로 그 향기예요. 그리고 나면 머지않아 꽃봉오리들이 터지기 시작해요. 그중에서도 겨우내 묵은 털옷을 벗고 멋지게 피어나는 목련꽃 향기는 정말 일품이에요.

그냥 바라보기만 해도 사랑스러운 봄날에 밤공기를 가르며 전해지는 목련꽃 향기를 맡아 보신 적 있으세요? 아마도 세상에서 제일 사랑스러운 향기인 게 분명해요.

이렇게 아름다운 봄날을 기념해 카푸치노 초콜릿레이어케이크를 만들어봤어요. 제 눈에는 분명 제일 우아하고 아름다운 봄날의 케이크랍니다.

화창한 봄날을 기꺼이 만끽하자고요.

만들기 전 알아두세요

가정용 전기 광파 오븐 기준 155℃ 예열(일반 오븐은 위의 온도에서 약 25℃ 정도 올려서 예열하세요).
여분으로 약간의 녹인 버터와 밀가루를 준비하세요.
동물성 생크림으로 준비하세요.

커 피 시 럽

이런 재료를 준비하세요

물 3큰술, 설탕 1큰술+1/2큰술, 인스턴트커피가루 1/2큰술

이렇게 만드세요

소스 팬에 분량의 재료를 넣고 약한 불에서 설탕과 커피가루가 녹을 때까지 끓인 다음 실온에서 식
힌다.

케 이 크

이런 재료를 준비하세요

박력분 1컵, 베이킹파우더 1/2작은술+1/4작은술, 시나몬 파우더 1/2작은술, 소금 1/8작은술, 미지근하게
데운 우유 1/2컵+1/4컵, 인스턴트커피가루 1작은술, 설탕 1컵, 버터 56g, 달걀 1개, 초콜릿 56g, 바닐라
익스트랙 1작은술

이렇게 만드세요

1 케이크 팬에 여분의 녹인 버터를 바르고 밀가루를 덧뿌려 준비한다.
2 볼에 박력분, 베이킹파우더, 시나몬 파우더, 소금을 한데 섞어 체에 곱게 내린다(가루류 믹스).
3 다른 볼에 미지근하게 데운 우유, 인스턴트커피가루를 넣고 커피가루가 녹을 때까지 섞어준다.
4 전기 믹서에 설탕과 버터를 넣고 잘 섞이도록 돌린 다음 달걀을 하나씩 차례대로 넣어가며 섞는다.
5 초콜릿은 중탕해서 녹인다.
6 ❹에 ❺의 중탕한 초콜릿과 바닐라 엑스트랙을 넣는다(중탕한 초콜릿을 넣을 때 달걀이 익을 수 있으
니 재빨리 저으면서 넣으세요).
7 ❻에 ❷의 밀가루 믹스와 우유를 3번에 나누어 번갈아 넣는다(밀가루→우유→밀가루→우유→밀가루
→우유).
8 ❶의 밀가루를 덧입힌 케이크 팬에 ❼의 반죽을 붓고 예열한 오븐에 넣어 40분 정도 구운 다음 식힘
망에 얹어 완전히 식힌다.

초코퍼지 프로스팅

이런 재료를 준비하세요
버터 84g, 설탕 1/4컵+1/8컵, 우유 약 1/4컵 조금 안 되게, 생크림 약 1/4컵 조금 안 되게, 인스턴트커피가루 2작은술, 다크초콜릿 140g, 바닐라 익스트랙 1/2작은술, 슈거파우더 1컵+1/4컵, 시나몬 파우더 2작은술

이렇게 만드세요
1 소스 팬에 버터, 설탕, 우유, 생크림, 커피가루를 넣고 중간 불로 끓이다가 설탕과 커피가루가 녹으면 불에서 내린 뒤 초콜릿을 넣고 녹을 때까지 젓는다.
2 초콜릿 덩어리가 다 녹으면, 바닐라 익스트랙을 넣고 약간만 식힌다 (너무 식히지 마세요).
3 그리고 체에 내린 슈거파우더, 시나몬 파우더를 넣고 완전히 섞는다.
4 냉장고에 넣어 차갑게 식힌다.

데커레이션하기

케이크를 수평으로 자른 뒤 층마다 커피시럽을 발라주고, 그 위에 초코퍼지 프로스팅으로 샌딩한다.

Tip 프로스팅이 굳어지는 걸 방지하기 위해 10분에 한번씩 저어주세요. 그리고 크림을 샌딩하기에 적당한 상태가 되면 꺼내서 바로 샌딩해주세요. 만약 프로스팅이 너무 굳어지면 전자레인지에 잠깐 돌리거나 중탕을 해서 약간만 녹인 후 샌딩하세요.

비어미슈 티라미수

두 가지 맛을 품고 있는 매혹적인 티라미수입니다. 그동안 어찌나 타박을 받으면서 먹었는지 몰라요. 정말 큰맘 먹고 한 조각 사서 아껴가며 먹던 디저트가 바로 티라미수였어요.

"하하하~! 이젠 너를 크게 만들어 놓고 블링블링한 접시에 세팅해 예쁘게 먹어주겠어~!"

평범한 티라미수가 아니라 흑맥주와 커피 향을 가득 품고 있는 매력적인 티라미수랍니다. 1층의 레이디핑거 비스킷에는 흑맥주를, 2층에는 커피를 흠뻑 적셔두었거든요. 각자의 기호에 맞게 조금씩 바꿔 만들어도 좋을 것 같아요. 저는 다 완성한 후 슈거 아이싱으로 데커레이션을 해봤어요. 평범하게 코코아 파우더만 뿌려져 있던 티라미수에 그림을 그려 넣으니 생일 케이크로도 손색없더라고요. 마냥 따뜻한 느낌이 전해져 너무 좋았어요.

만들기 전 알아두세요
동물성 생크림으로 준비하세요.

이런 재료를 준비하세요
레이디핑거 비스킷 적당량(200~300g 정도) 시판용 1봉지 정도, 생크림 250ml, 마스카포네치즈 225g, 달걀 1개, 슈거 파우더 1/2컵, 바닐라 익스트랙 2작은술, 흑맥주(1캔 정도), 에소프레스 커피(없을 경우 뜨거운 물 1/2컵+인스턴트커피 가루 2큰술), 코코아 파우더 적당량

이렇게 만드세요
1 생크림을 전기 믹서로 휘핑한다.
2 다른 볼에 마스카포네치즈를 거품기로 부드럽게 풀어준 뒤 달걀을 넣고(달걀노른자부터 넣고 흰자를 두 번에 나눠 넣어가며 거품기로 휘핑해주세요) 바닐라 엑스트랙과 슈거 파우더를 넣고 잘 섞는다.
3 ❷의 마스카포네치즈를 믹스한 것에 ❶의 휘핑한 생크림을 넣고 천천히 부드럽게 섞은 다음 볼에 랩을 씌운 뒤 냉장 보관한다.
4 넙적하고 약간 깊이가 있는 파이 틀을 준비한다.
5 오목한 그릇 2개에 흑맥주와 에스프레소 커피를 각각 따로 부어 준비한다.
6 레이디핑거 비스킷을 흑맥주에 적신 다음 파이 틀 밑바닥에 나란히 깔아준다.
7 첫 번째 층이 다 채워지면 냉장 보관해 둔 ❸의 마스카포네치즈 크림 믹스의 절반에 해당하는 양을 스프레드한다.
8 ❼의 위에 코코아 파우더를 체에 담아 골고루 뿌려준다.
9 두 번째 층은 레이디핑거 비스킷을 에스프레소에 적신 뒤 차례대로 깔아준다.
10 남은 절반 분량의 마스카포네치즈 크림 믹스한 것을 깔고 다시 한 번 코코아파우더를 뿌린다.
11 완성한 뒤 한두 시간 정도 냉장고에 두었다 먹는다. 기호에 따라 좋아하는 베리류의 과일을 얹어서 서빙한다(만들고 나서 바로 과일을 위에 올리면 과일 무게 때문에 티라미수가 가라앉으므로 1시간 정도 냉장 보관한 뒤 굳힌 다음에 올리면 좋아요.)

Tip 티라미수를 담는 그릇은 컵으로 해도 좋고 파이 틀, 수프볼 등 본인의 취향에 따라 좋아히는 그릇에 담아도 상관없어요.

레이디핑거 비스킷

레몬포테이토케이크

저는 감자를 너무 좋아해요. 감자는 정말 어떻게 해먹어도 맛있는 것 같아요. 쩌 먹어도 맛있고, 구워 먹어도 맛있죠. 튀겨 먹는 것은 말할 필요도 없고요. 위가 안 좋은 사람에게는 감자가 좋다던데, 그래서 더 본능적으로 감자에 끌리나 봐요.

이 케이크는 밀가루를 사용하지 않고 만들 수 있는 꽤 맛있는 케이크랍니다. 개인적으로 치즈케이크의 맛까지 느낄 수 있어서 제 나름대로는 '나의 놀람 케이크'라는 별명을 붙여주었어요. 밀가루를 사용하지 않는 대신 감자를 주재료로 이용해 만든 케이크인 만큼 한입 베어 물면 샤르륵~ 금방 사라질 정도로 부드럽게 입안에 녹아드는 느낌의 케이크예요.

정말 맛있는 음식을 먹을 때 '입에서 살살 녹는다'라고 표현하잖아요. 이 케이크는 감자의 부드러움과 레몬의 새콤한 맛이 아주 잘 어우러졌어요.

갓 구워서 따뜻하게 먹기보다는 냉장고에 넣어 하루 정도 차갑게 식힌 후에 먹는 것이 더 맛있는 레몬포테이토케이크입니다.

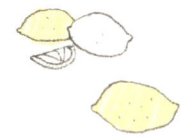

설탕+버터 반죽

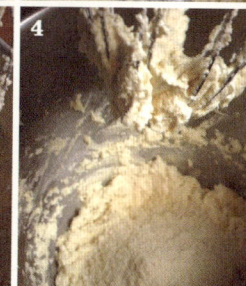

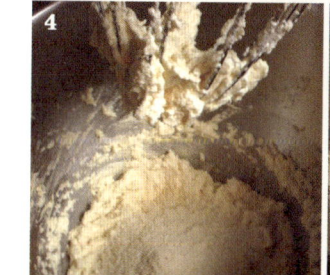

반죽+으깬 감자 넣는 과정

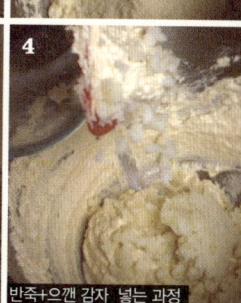

만들기 전 알아두세요

가정용 전기 광파 오븐 기준 160℃ 예열(일반 오븐은 위의
온도에서 약 25℃ 정도 올려서 예열하세요.)
감자는 삶아서 으깨 놓으세요(냉장 보관).

이런 재료를 준비하세요

버터 100g, 황설탕 80g, 달걀 2개, 아몬드가루 85g, 으깬 감
자 125g, 베이킹파우더 1작은술, 레몬 껍질(제스트) 1개 분량,
레몬즙 1/2~1개 분량(본인 기호에 따라 분량 조절)

이렇게 만드세요

1 감자는 미리 삶아서 으깬 뒤 냉장고에 차갑게 보관한다.
2 전기 믹서에 실온에 둔 버터를 가볍게 휘핑한 뒤 설탕을
넣고 부드럽게 될 때까지 약 3~4분간 돌린다.
3 ❷의 버터 믹스가 약간 부풀면 달걀을 하나씩 넣는다.
4 ❸이 전기 믹서를 멈춘 뒤 아몬드가루, 으깬 감자, 레몬 제
스트, 베이킹파우더를 넣은 다음 레몬즙도 섞는다.
5 오일이나 녹인 버터로 코팅한 원형 케이크 틀(지름 19cm)
에 ❹의 반죽을 붓는다.
6 ❺를 예열한 오븐에 넣어 25~30분가량 굽는다.

딸기쇼트케이크

딸기 향기가 물씬 풍기는 딸기쇼트케이크입니다. 비스킷과 딸기로 만든 맛있는 샌드위치 같아요. 제게는 초등학교 시절 엄마가 곧잘 만들어 주시던 아주 간단한 간식이에요. 쉽게 설명하자면 맹맹한 맛의 크래커와 달콤한 딸기잼이 어우러진 샌드 크래커예요. 앉은 자리에서 한 접시는 그냥 비우게 되는 마법 같은 간식이었지요. 정말 아무 맛없는 맹맹한 맛의 크래커를 그렇게 놀랍게 변신시키다니…! 엄마의 손은 언제나 "역시"라고 치켜세울만 했어요.

이 딸기쇼트케이크는 딸기와 크림 그리고 비스킷의 세 가지맛을 동시에 느낄 수 있어요. 남의 눈치 보지 말고 그냥 한입 크게 베어 드셔보세요. 상큼하고 달달하게 코팅된 딸기와 부드러운 크림의 조화가 입속에서 신나는 음악과 함께 춤추는 듯한 느낌을 경험하게 되실 거예요. 디저트계의 새로운 아이돌 탄생이라 할 만해요!

딸기 코팅

이런 재료를 준비하세요
딸기 240g, 설탕 1/8컵, 바닐라 익스트랙 1/2작은술, 마스카포네치즈 120g, 생크림 1/8컵, 설탕 1/2큰술

이렇게 만드세요
1 소스 팬에 딸기와 설탕을 넣고 바닐라 익스트랙을 넣은 다음 중간 불에서 설탕이 녹을 때까지 코팅한다(1~2분).
2 불에서 옮긴 뒤 다른 볼에 옮겨 담아 식힌다.

크림 만들기

1 큰 볼에 마스카포네치즈, 생크림, 설탕을 넣고 거품기로 잘 섞일 때까지 충분히 휘핑한다.
2 ❶의 볼에 커버를 씌워 차갑게 냉장고에 보관한다.

쇼트브래드 비스킷

만들기 전 알아두세요

가정용 전기 광파오븐 기준 145℃ 예열(일반 오븐은 약 25℃ 정도 올려서 예열하세요)
동물성 생크림으로 준비하세요.
1/8컵은 1/4컵의 절반 분량입니다.

이런 재료를 준비하세요

버터 112g, 슈거파우더 1/4컵+1/8컵(체에 내린 것), 바닐라 익스트랙 1/4작은 술, 박력분 1컵, 슈거파우더(장식용) 약간

이렇게 만드세요

1 슈거파우더, 박력분 등의 가루류는 미리 체에 내린다.
2 전기 믹서를 이용해 버터가 부드러워질 때까지 휘핑한 뒤 슈거파우더와 바닐라 엑스트랙을 넣고 낮은 속도로 천천히 섞는다.
3 ❷에 ❶의 체에 내린 밀가루를 고루 섞는다.
4 ❸의 반죽을 밀대로 얇게 3~5mm 정도 두께로 민 후 냉장고에 1시간 정도 넣어둔다(쉽게 모양을 내기 위해서 냉장고에서 일정 시간 동안 휴지시켜 주는 거예요).
5 냉장고에서 반죽을 꺼낸 뒤 라운드 모양의 쿠키 커터로 모양을 찍어 주세요. 그리고 모양낸 쿠키 반죽 위에 설탕을 골고루 뿌려주세요.
6 ❺를 예열한 오븐에 넣어 20분간 표면에 황금색이 날때까지 구운 다음 식힌 뒤에 사용해요.

데커레이션하기

7 완성된 쇼트브래드 비스킷에 크림을 바른다.
8 ❼에 딸기를 올린 뒤 쇼트브래드 비스킷으로 다시 덮어주세요.

초콜릿 컵케이크

컵케이크의 최고봉인 초콜릿 컵케이크입니다. 초콜릿은 어떤 베이킹에나 정말 잘 어울리는 최고의 재료예요. 그래서 케이크를 만들 때 제일 실패할 확률이 적은 것 같아요. 초콜릿은 지구상의 모든 여성이 열광할 만큼 매력적인 미각을 가진 재료라고 생각해요. 그런데 이 맛있는 걸 왜 밸런타인데이에 남자만 받는 걸까요. 여자에게는 1년에 한 개 먹을까 말까 한 사탕을 주면서요.

센스 있는 남성이라면 이제 화이트데이에도 달콤한 초콜릿을 선물하세요! 이 초콜릿 컵케이크는 중독성이 강한 약간 새콤한 맛의 초콜릿 컵케이크랍니다. 약간 새콤한 맛이 있는 건 사워크림이 들어 있기 때문이에요. 단맛보다는 초콜릿의 진함과 사워크림의 특징적인 맛이 자꾸 제 손을 잡아당겨요. 정말 부담 없이 만들 수 있는 매력적인 컵케이크인 만큼 친구들과의 파티나 모임 때 만들어서 같이 즐겨보세요.

만들기 전 알아두세요

가정용 전기 광파 오븐 기준 155℃ 예열(일반 오븐은 위의 온도에서 약 25℃ 정도 올려서 예열하세요).
달지 않은 베이킹용 코코아파우더를 준비하세요.

초콜릿 컵케이크

이런 재료를 준비하세요

카놀라유(식물성 오일) 3큰술+1/2큰술, 황설탕 1/2컵, 달걀 2개, 박력분 3/4컵, 베이킹소다 1/2작은술,
코코아파우더 1/4컵, 사워크림 1/2컵

이렇게 만드세요

1 볼에 박력분과 베이킹소다, 코코아가루를 한데 넣고 체에 내린다.
2 다른 볼에 카놀라유, 황설탕, 달걀을 한데 잘 섞은 뒤 ❶과 섞는다.
3 ❷의 반죽에 사워크림을 넣어 고루 섞는다.
4 케이크 틀에 컵케이크 유산지의 약 2/3 높이까지만 ❸의 반죽을 붓는다.
5 예열한 오븐에 ❹의 반죽을 넣고 약 18~20분간 구운 후 열기가 없어질 때까지 식힌다.

초콜릿 프로스팅

이런 재료를 준비하세요

다크초콜릿 125g, 사워크림 2/3컵(조금 덜 신맛을 원하면 1/3컵)

이렇게 만드세요

1 다크초콜릿을 중탕으로 녹인다.
2 중탕한 초콜릿을 약간만 식힌 후 사워크림을 넣어 부드러워질 때까지 고루 섞는다.
3 열을 완전히 식힌 초콜릿 컵케이크 베이스에 초콜릿 프로스팅을 바른다.

이것만은 알아두세요

녹인 초콜릿이 완전히 식은 다음 사워크림과 섞으면 안 돼요! 너무 굳은 크림은 전자레인지에 10~20
초 정도 녹인 다음 다시 가볍게 휘핑한 후에 샌딩하세요.

Tip 초콜릿 프로스팅은 컵케이크의 열기가 다
식고 난 후에 바르셔야 해요. 그렇지 않으면 초
콜릿 프로스팅이 녹아버려 예쁜 모양을 낼 수
없어요.

초콜릿브라우니케이크

이 큼지막한 브라우니케이크는 보기에도 넉넉한 마음이 들어 그냥 흐뭇합니다. 베이킹을 처음 접했을 때 만든 게 바로 이 브라우니케이크였어요. 하트 모양의 실리콘 틀로 모양을 낸 하트 브라우니였는데, 이만큼 크게 부푼 케이크의 모양도 신기했어요. 그 당시엔 베이킹의 모든 것이 그저 신기할 때였지요.

따뜻한 봄날, 친구의 생일에 그럭저럭한 솜씨로 브라우니케이크를 만들어주기로 했어요. 하트 모양으로 된 브라우니케이크에 신경 쓴다고 호두로 장식하고, 작은 부엌에서 나름 '기막히게 예쁜 나만의 브라우니케이크'를 완성시키고는 너무 행복했죠.

브라우니는 갓 구운 것보다 며칠 숙성한 것이 더 맛있는 것 같아요. 달콤한 레서피이기 때문에 아무래도 음료는 진한 아메리카노가 훨씬 잘 어울려요. 조금 달달한 브라우니케이크 레서피랍니다.

만들기 전 알아두세요

가정용 전기 광파 오븐 기준 160℃ 예열(일반 오븐은 위의 온도에서 약 25℃ 정도 올려서 예열하세요).

이런 재료를 준비하세요

버터 175g, 다크초콜릿 220g, 설탕 150g, 달걀 3개(흰자와 노른자 가르기), 박력분 65g, 굵게 다진 피칸 50g

이렇게 만드세요

1 박력분을 체에 곱게 내려 준비한다.
2 볼에 버터, 초콜릿, 설탕을 넣고 초콜릿과 버터가 부드러워질 때까지 중탕한다.
3 ❷의 중탕한 초콜릿 믹스에 달걀노른자를 넣어 고루 섞고 ❶과 피칸을 넣은 다음 주걱으로 천천히 섞는다.
4 달걀흰자는 거품을 내 머랭을 만든 후 ❸의 반죽과 조심스럽게 섞는다.
5 소량의 녹인 버터 또는 식물성 오일로 코팅한 케이크 틀(지름 20~23cm 크기)을 준비해 ❹의 반죽을 붓고 예열한 오븐에 넣어 60~75분간 굽는다(꼬챙이를 꽂아 윗부분은 익고 케이크 아랫부분의 반죽이 많이 묻을 경우에는 케이크 틀에 은박지를 씌우고 더 구우세요. 이렇게 하면 윗부분은 타지 않고 아랫부분만 익어요).
6 ❺의 구운 브라우니케이크는 케이크 틀째 실온에서 한 김 식힌 뒤 케이크 팬에서 분리한다.

전설의 블루베리케이크

개인적으로 너무나 맛있게 먹은 블루베리케이크입니다. 솔직히 만들고 나서 겉모습만 봤을 때는 그리 큰 기대를 하지 않은 녀석이에요. '그냥 케이크 맛이겠구나…'라고 생각했죠. 맛을 보기 전까지는요.

나중 이야기를 들려 드리자면, 저 혼자 냉장고에 숨겨놓고 야금야금 아껴가며 빵 부스러기도 남기지 않고 깔끔하게 먹어치운 전설의 블루베리케이크라는….

여기저기에 숨어 있는 블루베리와 여럿이서 나눠 먹을 수 있는 넉넉한 사이즈! 겉모습은 자칫 건조해보일 수 있지만 한입 베어물어 맛보면 그 촉촉함과 부드러움에 놀라실 거예요. 크럼블에 있는 코코넛 슬라이스 씹는 맛도 일품이에요. 간식이나 생일 케이크로, 어느 장소에서나 사랑받을 만한 전설의 블루베리케이크입니다.

만들기 전 알아두세요

가정용 전기 광파 오븐 기준 170℃ 예열(일반 오븐은 위의 온도에서 약 25℃ 정도 올려서 예열하세요).

케이크

이런 재료를 준비하세요

박력분 1컵, 베이킹파우더 1작은술+1/4작은술, 버터 55g, 소금 1/4작은술, 설탕 1/2컵, 달걀 1개, 우유 1/2컵, 블루베리 150g

이렇게 만드세요

1 볼에 박력분과 베이킹파우더를 한데 넣고 체에 곱게 내린다.
2 전기 믹서로 버터가 부드러워질 때까지 휘핑하다가 설탕을 넣고 버터와 잘 섞일 때까지 약 3분간 휘핑한다.
3 ❷의 버터에 달걀을 넣고 고루 섞일 때끼일 돌린다.
4 ❸에 ❶의 밀가루 믹스를 넣고 섞는다.
5 ❹에 우유를 넣고 돌리다가 블루베리를 넣어 가볍게 섞는다.
6 오일 또는 녹인 버터로 코팅한 케이크 팬(지름 15~18cm 크기)에 ❺의 반죽을 붓고 그 위에 만들어 놓은 토핑을 골고루 뿌린다.
7 ❻의 케이크 반죽을 예열한 오븐에 넣어 40분간 굽는다.
8 ❼의 구운 케이크는 한 김 식힌 후 케이크 틀에서 분리한다(바로 분리하면 케이크가 무너질 수 있어요).

토핑

이런 재료를 준비하세요

발력분 1/3컵의 절반 분량 버터 30g, 코코넛 슬라이스 1/2컵, 황설탕 1/4컵, 시나몬 파우더 1/2작은술

이렇게 만드세요

볼에 밀가루, 버터, 코코넛 슬라이스, 황설탕, 시나몬 파우더를 넣고 작은 크럼이 될 때까지 고루 섞는다.

체리 아포가토

이런 재료를 준비하세요
다이제스티브 쿠키(큼직하게 부셔주세요) · 바닐라아이스크림 · 뜨거운 에스프레소 · 체리(캔으로 된 것) · 다크초콜릿 적당량씩

이렇게 만드세요
1 컵에 부셔놓은 다이제스티브 쿠키를 깐다(좋아하는 쿠키로 하셔도 돼요).
2 그 위에 바닐라아이스크림과 적당량의 체리를 올린다.
3 ❷의 컵 위에 초콜릿을 갈아서 뿌려준다.
4 ❸에 뜨거운 에스프레소를 끼얹는다(에스프레소가 없으면 뜨거운 물에 인스턴트 커피가루를 진한 농도로 타서 끼얹어주세요).

불과 몇 년전까지만 해도 저는 커피는 입에도 못 대는 어른이었어요. 특히나 어린 시절 뭣 모르고 마셔본 다방커피는 충격과 공포 그 자체였지요. 그러다가 중학교 시절 커피를 먹으면 잠이 안 온다는 말에 코를 막고 자판기 커피를 원샷한 적이 있어요. 그런데 그 잠이 안 온다는 속설은 저에게는 해당되지 않았던 것 같아요. 전 그날 밤, 시험 기간인데도 불구하고 깊은 숙면을 취했거든요.

세월이 흘러 동생의 손에 이끌려 아무것도 첨가되지 않은 쌉쌀한 맛의 아메리카노를 마시다 보니 어느덧 커피의 매력에 푹 빠지고 말았지요. 그러던 어느 날 평소에 곁눈질로만 보던 에스프레소를 드디어 도전해봤어요.

'와~, 이런 신세계의 커피가 있다니…!' 중학교 시절에 이 에스프레소를 마셨어야 해요. 먹는 순간 일그러진 저의 얼굴 표정에 동생이 엄청나게 창피해 하던 모습이 기억 납니다. 아마 한약과 견줘도 이기면 이겼지 지지 않을 맛이었어요. 이 쌉쌀한 에스프레소에 어울리는 디저트를 소개해 드릴까 해요. 체리의 달콤함이 매력적인 아포가토입니다.

커피와 아이스크림 그리고 매혹적인 체리와의 만남. 커피가 대세인 요즘 집에서도 손쉽게 즐길 수 있는 디저트예요. 꼭 커피머신에서 뽑아낸 고농도 에스프레소만 고집하지 마세요. 인스턴트커피가루로 만든 에스프레소로도 충분히 아포가토의 풍미를 즐길 수 있거든요.

완전한 어른만이 즐길 수 있다는 에스프레소는 아직도 저에겐 너무나 어려운 어른들의 음료인 것 같아요. 제 나이테가 더 많아지면 그제야 진정한 맛을 느낄 수 있을까요?

늦은 밤에 어울리는 체리 아포가토입니다.

초콜릿럼무스

맛있는 초콜릿의 풍미가 럼과 만나면 한층 더 풍부해져요. 럼 대신 더 깊은 풍미가 있는 술이 있다면 그것으로 대체해도 좋아요. 요건 연인들의 날인 밸런타인데이에 정말 잘 어울리는 디저트예요. 깔끔한 스타일을 좋아한다면 있는 그대로 즐겨도 좋지만 좀 더 맛있게 즐기는 방법을 알려드릴게요. 무스 위에 생크림을 풍성하게 끼얹고 좋아하는 견과류나 시리얼을 올리면 더 고소하고 맛있게 즐길 수 있답니다.
마치 탱글탱글한 푸딩 같은 초콜릿럼무스는 냉장고에 넣어서 차갑게 드셔야 더 맛있게 즐길 수 있어요.

만들기 전 알아두세요

1/8컵은 1/4컵의 절반 분량입니다.
동물성 생크림으로 준비하세요.

이런 재료를 준비하세요

우유 1/8컵+1/4컵, 젤라틴 가루 1작은술+우유 1/8컵, 다크초콜릿 1/2컵, 소금 조
금, 럼 3큰술, 설탕 1/8컵, 달걀 1/2개, 생크림 1컵

이렇게 만드세요

1 작은 볼에 우유 1/8컵과 젤라틴 가루를 넣고 고루 섞은 디음 약 5분 동안 그대
로 둔다(젤라틴이 우유를 다 흡수해서 젤리 형태가 될 때까지 그대로 두세요).
2 소스 팬에 우유 1/4컵+1/8컵과 ❶의 젤라틴 믹스를 담고 약한 불에서 젤라틴이
녹을 때까지 거품기로 저어주면서 따뜻하게 데운다.
3 ❷의 젤라틴이 녹으면 다크초콜릿을 넣고 녹을 때까지 젓는다.
4 ❸의 물을 끈 뒤 소스 팬에 순백의 소금, 럼, 설탕, 필필을 넣고 고루 뉘니디(필
갈을 마지막으로 넣되 조금씩 흘려 넣으면서 세게 저어주세요. 천천히 저으면 달
갈이 익는답니다).
5 ❹의 소스 팬에 생크림을 넣고 잘 저은 뒤 준비해 놓은 유리컵에 담아 냉장고
에서 차갑게 굳힌다(2~3시간가량).

Dessert

마음이 따뜻해지는
디저트

팬베이크 레몬아몬드타르트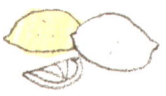

언뜻 에그크럼블과 비슷해 보이지만 보들보들 맛있고 새콤한 치즈를 먹는 느낌이 나
요. 만드는 방법 또한 간단하고 재료도 그리 복잡하지 않죠. 갑자기 손님이 찾아오셨을
때나 아이들 간식으로, 휴일날 브런치로도 손색없을 만큼 맛있고 간단한 디저트랍니
다. 새콤하면서도 달콤한 맛이거든요. 건강한 통밀빵이나 바게트와 곁들이면 분위기
좋은 카페 부럽지 않을 만큼 맛있는 나만의 디저트가 완성됩니다.

만들기 전 알아두세요

가정용 전기 광파 오븐 기준 180℃ 예열(일반 오븐은 위의 온도에서 약 25℃ 정도 올려서 예열하세요).
1/8컵은 1/4컵의 절반 분량입니다.

이런 재료를 준비하세요

달걀 2개, 설탕 1/4컵, 소금 조금, 아몬드가루 1/4컵, 생크림 1/4컵, 아몬드 슬라이스 1/4컵, 레몬주스 1/8
컵, 버터(베이킹 팬 코팅용) 15g

이렇게 만드세요

1 볼에 달걀, 설탕, 소금, 아몬드가루, 생크림, 아몬드 슬라이스, 레몬주스를 넣고 고루 섞는다.
2 다른 볼에 버터 15g을 넣고 전자레인지에서 녹인 다음 베이킹 팬에 펴 바른다.
3 베이킹 팬에 ❶의 반죽을 붓고 예열한 오븐에 넣어 표면에 황금색이 날 때까지 18분 정도 굽는다.
4 기호에 맞게 슈거파우더와 슬라이스한 아몬드를 장식한다.

애플과 캔디베이컨

디저트에 맛있는 베이컨이 퐁당 빠졌습니다. 글로는 상상하기 어렵겠지만, 이건 정말 최고의 궁합이에요!
재료의 궁합도 중요하지만, 디저트를 만들 때도 재미있는 놀이처럼 모험을 즐겨보세요. 모두에게 놀랄 만한 결과를
선물해줄지도 모르잖아요.
이 넓은 지구상에서 나의 서랍 속 한 귀퉁이에 고이 자리 잡고 있던 비장의 레서피를 공개합니다. 동네 슈퍼에서도
쉽게 구할 수 있는 재료들로 재미있는 디저트를 만들어봤어요. 오븐도 필요 없는 간단한 디저트랍니다. 고소한 베이
컨과 새콤한 사과, 그리고 언제나 나에게 달콤한 시원함을 주는 아이스크림의 만남입니다.

이런 재료를 준비하세요
베이컨 60g, 설탕 1/8컵, 사과 2개, 바닐라아이스크림 적당량

이렇게 만드세요
1 소스 팬에 먹기 적당한 사이즈로 잘라놓은(다지지 마세요.) 베이컨을 넣고 갈색이 될 때까지 중간 불에서 볶는다. 이때 베이컨에서 나온 기름을 약간만 남기고 나머지는 버린다.
2 ❶의 베이컨에 설탕을 조금 뿌리고 약한 불에서 가끔씩 저으면서 볶는다. 설탕이 녹으면서 베이컨을 코팅하면 불을 끈다.
3 ❷의 베이컨을 키친타월 위에 올려 기름기를 빼면서 식힌다.
4 ❷의 베이컨을 볶은 팬에 자른 사과를 넣고 부드러워질 때까지 가끔씩 저어가며 볶다가 남은 설탕을 넣고 졸인다.
5 ❹의 설탕이 녹고 사과가 전체적으로 부드러워질 때까지 약 5∼10분 정도 졸인다.
6 접시에 담아낼 때에는 바닐라아이스크림을 담고 졸인 사과를 올린 다음 볶은 베이컨으로 장식한다.

Tip 가니시로 프레시 로즈메리를 올리면 상쾌함을 느낄 수 있어요. 생각보다 너무 잘 어울리는 커플이랍니다.

만들기 전 알아두세요

동물성 생크림으로 준비하세요.
1/8컵은 1/4컵의 절반 분량입니다.

이런 재료를 준비하세요

젤라틴 가루 1작은술, 물 1큰술, 생크림 1/2컵, 우유 1/4컵, 슈거파우더 1/4컵, 레몬 껍질 1/2작은술, 레몬주스 1큰술, 플레인 요거트 1/4컵+1/8컵

이렇게 만드세요

1 작은 볼에 물과 젤라틴 가루를 넣고 고루 섞는다(5분 정도 젤라틴이 물을 흡수할 때까지 놔두세요).
2 소스 팬에 생크림과 우유를 넣고 약한 불 또는 중간 불에서 따뜻할 정도까지만 데워주세요(끓으면 안 돼요!).
3 ❷의 데운 우유를 불에서 내린 뒤, 슈거파우더를 넣고 녹을 때까지 저어준다.
4 ❸의 팬에 ❶의 젤라틴 믹스를 넣은 다음 젤라틴 덩어리가 없어질 때까지 저어준다(젤라틴 덩어리가 계속 남아 있으면 다시 불에 잠깐 올려 젤라틴 덩어리를 녹여주세요).
5 ❹에 레몬 껍질과 레몬주스, 플레인 요거트를 넣고 잘 저어준 뒤 밀폐 용기에 담아 냉장고에 넣어 4시간 정도 굳힌다.

Tip 먹을 때 과일을 곁들여 드시면 더욱 좋아요.

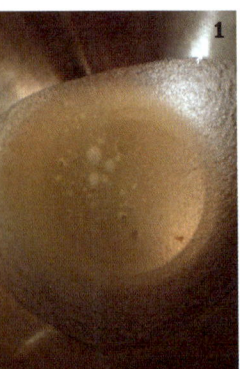
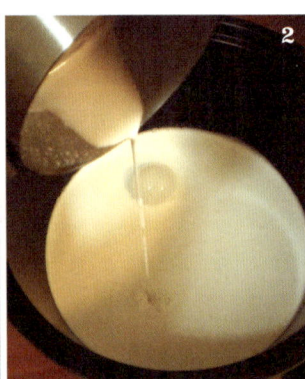
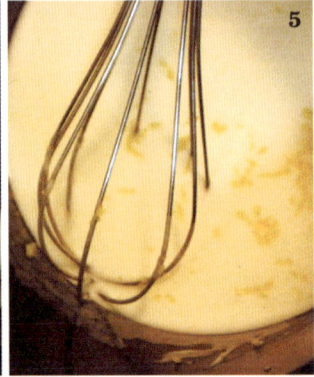

레몬요거트 파나코타

부드러운 푸딩처럼 즐길 수 있는 파나코타에요. 냄비 하나만 있으면 만들기
준비 끝! 참 간단하지요? 끓인 다음에 굳히기만 하면 완성할 수 있으므로 디
저트 만들기에 처음 도전하는 분에게 강력 추천하는 아이템이에요. 적당한
달콤함에 요거트의 부드러움까지 느낄 수 있는 파나코타입니다.

복숭아와
블루베리 토스티드크림

스스로는 꽤 어른스러운 입맛이라고 자부하지만 알코올이 들어 있는 술 종류는 정말 가까이 하기엔 너무 먼 당신이에요. 그래도 정말 맛있다고 느낀 것은 교회 성찬식에서 쓰는 다디단 스위트 와인이에요. 너무 어린이 입맛인가요? 아직도 뭣 모르고 마셨다가 갑자기 속이 뜨뜻해져 깜짝 놀란 기억이 나요. 그러던 중 어느 날 디저트와 와인이 들어간 토스티드크림 레시피를 발견한 후 만들어봤어요. 도시의 새침한 아가씨처럼 겉과 속이 다른 아이예요. 정말로 겉과 속이 다르거든요.

겉은 적당히 부푼 디저트처럼 보이지만 달걀거품을 깨서 속을 들여다보면 묽은 달걀거품과 디저트 와인 그리고 과즙으로 가득 채워져 있어요. 향긋하고 은은하게 배어 있는 와인의 맛과 향이 정말 좋아요. 적당한 황금색이 날 만큼만 구워야 더욱 맛있어요. 너무 오랫동안 구우면 달걀거품이 타버려서 보기에 안 좋거든요. 약주를 좋아하시는 아버지와 함께 온 가족이 즐길 수 있는 어른스러운 디저트랍니다.

복숭아와 블루베리 토스티드크림

만들기 전 알아두세요

가정용 전기 광파 오븐 기준 160℃ 예열(일반 오븐은 위의 온도에서 약 25℃ 정도 올려서 예열하세요).

이런 재료를 준비하세요

달걀노른자 4개 분량, 설탕 1/3컵, 모스카토 다스티(디저트 와인) 2큰술, 황도(캔) 1/2캔(기호에 맞게 넣으시면 돼요), 딸기 100g, 블루베리 약간

이렇게 만드세요

1 전기 믹서에 달걀노른자, 설탕, 디저트 와인을 한데 넣고 6~8분 정도 돌린다(거품이 무겁고 아이보리색이 될 때까지 계속 휘핑하세요).
2 2절 황도는 반으로 자르고 딸기는 통째 내열용 오븐 그릇에 담는다.
3 ❷의 복숭아와 딸기 위에 ❶의 달걀 믹스를 붓고 약간의 블루베리를 뿌린다.
4 ❸을 예열한 오븐에 넣어 표면이 노란 황금색이 될 때까지 5~10분 정도 굽는다(이 타르트는 따뜻할 때 먹어야 더욱 맛있어요!).

굽지 않은
산딸기초콜릿 치즈케이크

치즈를 처음 맛본 게 초등학생 시절이었던 것 같아요. 어린 시절, 치즈에 대한 첫인상은 이루 말할 수 없을 만큼 별로였어요. 살아생전 그런 이상한 맛과 퀴퀴한 냄새는 처음이었거든요. 주위 친구들은 콧구멍까지 벌름거리며 "고소해~ 고소해~"라는 말을 연발하며 잘만 먹던데…? 도통 제 입맛에는 길들여지지 않더라고요. 그래서 치즈는 '어린이와 어른의 경계선을 구분 짓는 그런 음식이 아닐까?'라고 생각하게 됐어요. 뭐~, 성인이 된 후부터는 없어서 못 먹는 먹을거리 중 하나가 됐지만요. 그래서 이 맛있는 치즈를 이용해 오븐 없이 기가 막힌 치즈케이크를 만들었어요. 냉장고만 있으면 만사 OK입니다.

산딸기와 초콜릿이 들어 있는 초콜릿 치즈케이크예요. 산딸기가 없으면 그냥 딸기를 넣으셔도 상관없어요. 굽지 않고 차게 해서 먹는 시원한 치즈케이크인데, 저희 집에서는 숨어서 몰래 먹는 케이크가 돼버렸어요. 언제나 맛있는 건 숨어서 몰래 혼자 먹어야 더 맛있잖아요!

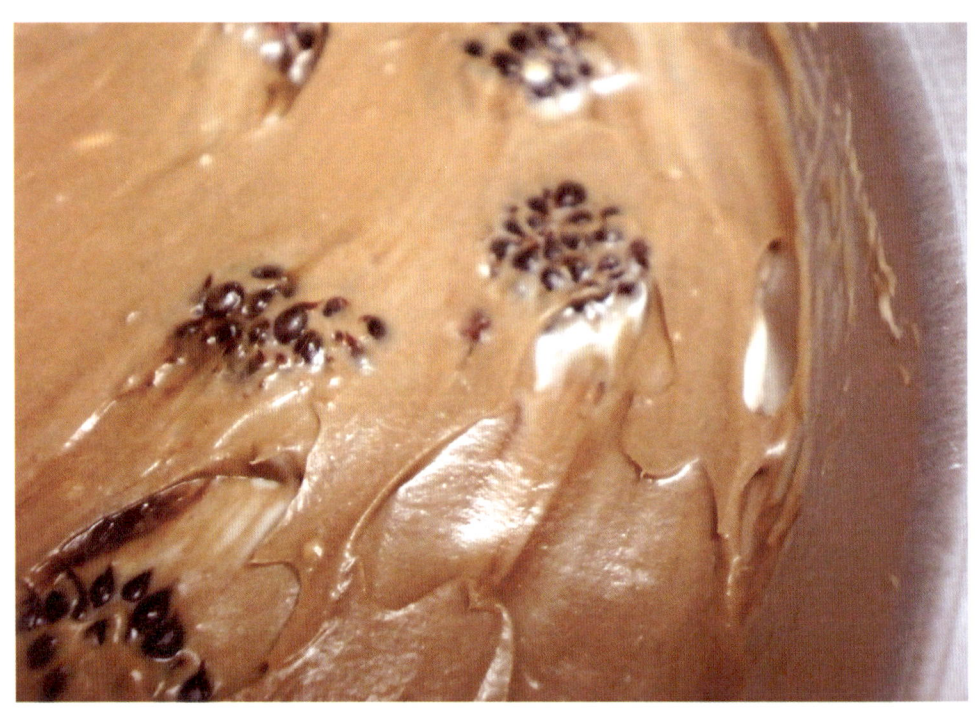

만들기 전 알아두세요

동물성 생크림으로 준비하세요.
전자레인지에 오랜 시간 초콜릿을 녹일 경우 초콜릿이 탈 수 있으니 중간에 꺼내서 주걱으로
저어주고 틈틈이 확인하세요.

이런 재료를 준비하세요

다이제스티브(시판용 통밀 과자) 쿠키 90g, 버터 37g, 다크초콜릿 50g, 크림치즈 150g,
샌크림 100ml, 설탕 35g, 산딸기(또는 딸기) 약간

이렇게 만드세요

1 다이제스티브를 푸드 프로세서로 갈아서 고운 가루로 만든다(비닐봉지에 넣고 방망이로 두
들겨도 돼요).
2 내열용기에 버터를 담고 전자레인지에 녹인다(20~30초가량).
3 볼에 ①의 과자가루를 담고 녹인 버터를 넣어 고루 섞는다.
4 파이 틀(지름 18~20cm크기) 또는 약간의 깊이가 있는 넓은 접시에 ③의 반죽을 평평하게
펼쳐서 손바닥으로 힘껏 눌러주면서 압착한다.
5 볼에 초콜릿을 담아 녹을 때까지 약 1분 정도 전자레인지에 돌리거나 중탕한다.
6 다른 큰 볼을 준비해 크림치즈, 설탕, 샌크림을 한데 넣고 거품기로 부드럽게 젓는다. 크림
치즈가 너무 굳었을 경우에는 전자레인지에 10초 징도 돌리면 물렁해진다.
7 ⑥의 부드럽게 만든 크림치즈 믹스에 산딸기나 먹기 좋게 자른 딸기와 ⑤의 녹인 초콜릿을
넣고 고루 섞는다.
8 ④의 과자 크러스트 위에 ⑦의 크림치즈 믹스를 부은 다음 나이프로 평평하게 펴 바른 뒤
랩을 씌워서 냉장 보관한 뒤 차갑게 굳혀 먹는다.

만들기 전 알아두세요
가정용 전기 광파 오븐 기준 155℃ 예열(일반 오븐은 위의 온도에서 약 25℃ 정도 올려서 예열하세요).
1/8컵은 1/4컵의 절반 분량입니다.
식물성 오일 중 콩기름은 쓰지 마세요.

블루베리머핀

이런 재료를 준비하세요
박력분 1컵, 베이킹파우더 1작은술, 설탕 1/4컵+1/8컵, 사워크림 1/2컵, 달걀 1개, 레몬 껍질 1/2작은술,
카놀라유(식물성 오일) 약 1/3컵 절반 분량(40㎖), 블루베리 1/2컵

이렇게 만드세요
1 볼에 박력분과 베이킹파우더를 한데 넣고 곱게 체에 내린 다음 설탕을 섞는다.
2 다른 볼에 사워크림, 달걀, 레몬 껍질, 카놀라유(식물성 오일)를 고루 섞는다.
3 ❶과 ❷를 가볍게 뒤섞은 다음 블루베리를 넣어 한 번 더 섞는다.
4 머핀 틀을 준비해 틀 안쪽에 오일로 가볍게 코팅한다.
5 ❸의 반죽을 머핀 틀의 2/3가량 정도만 차게 붓는다.
6 ❺의 머핀 반죽을 예열한 오븐에 넣어 짙은 갈색이 날 때까지 약 25분 정도 굽는다.

Tip 베이킹 틀에서 유산지가 없는 머핀을 분리할 때는 나이프로 틀 표면을 긁어주면서 떼어내거나 3~5분
정도 그대로 두었다 굳으면서 떼면 쉽게 분리할 수 있어요.

블루베리머핀

Blueberry muffin

우리나라에도 몇 해 전부터 싱싱한 블루베리를 판매하고 있어요. 한창 수확철 때도 비싼 편이지만 이 기간만 지나면 아주 잠깐이지만 저렴하게 팔기도 하죠. 전 항상 이 기회를 놓치지 않으려고 늘 아등바등해요. 굳이 생블루베리가 아니라 냉동 블루베리도 좋아요. 하지만 왠지 모를 생블루베리만의 묘한 매력이 있어요.

몸에 좋은 블루베리를 넣고 머핀을 만들어봤어요. 이 블루베리머핀은 버터를 사용하지 않은 대신 식물성 오일을 사용해서 만들었죠. 평소 칼로리를 걱정하는 분이라도 잠깐은 부담 없이 즐기실 수 있을 거예요. 겉 표면이 짙은 황금색이 될 때까지 굽는 것이 포인트랍니다.

넉넉하게 만들어 바구니에 담아 탁자 위에 올려놓고 여러 사람과 함께 나눠 즐겨보세요.

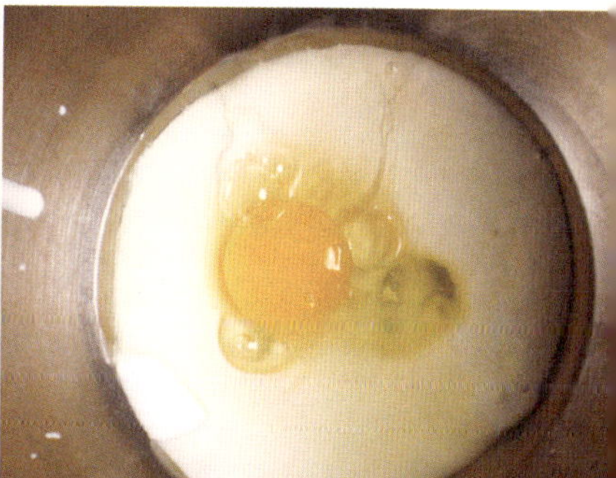

자이언트 요크셔푸딩

만들기 전 알아두세요

모든 오븐에서 220℃로 예열하세요.

이런 재료를 준비하세요

박력분 60g, 소금 조금, 달걀(큰 것) 1개, 우유 1/3컵, 물 1/3컵, 식물성 오일 1큰술,
메이플 시럽 약간

이렇게 만드세요

1 큰 볼에 달걀을 풀고 체에 내린 박력분+소금+우유+물을 넣고 잘 섞은 다음 30
분 동안 실온에 둔다.

2 지름 15cm 크기의 원형 팬에 오일을 코팅한다.

3 예열한 오븐에 오일 코팅한 팬만 5분 동안 넣어 팬만 뜨겁게 달군다.

4 뜨거워진 팬을 꺼낸 뒤 ❶의 반죽을 붓고 예열한 오븐에 넣어 반죽이 황금색이
나면서 부풀 때까지 16분 동안 굽는다.

Tip 오븐에서 한껏 부풀어 있던 푸딩이 꺼내고 나면 조금 가라앉아요. 한 김 식힌 후
에 먹을 때 메이플 시럽을 끼얹어 먹으면 더 맛있어요. 꼭 따뜻할 때 드세요.

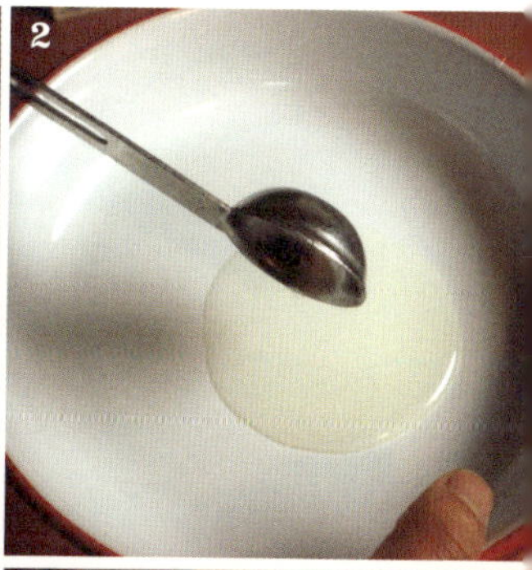

후다닥 스콘

가볍고 쉬운 베이킹에 목말랐다면 이 '후다닥 스콘'에 주목하세요!
복잡하기만 한 스콘이 이제 싫증났다면 지금 소개해 드릴 스콘은 정말 간편한 녀석이랍니다. 버터를 사용하지 않고, 중간에 휴지하는 복잡한 과정을 거치지 않아도 뚝딱 만들 수 있거든요. 생크림의 풍성한 거품을 사용해 만드는 간단하고 쉬운 스콘이에요. 복잡한 과정 때문에 베이킹에 대해 막연한 두려움을 가진 분이라면 당장 '후다닥 스콘'에 도전해보세요.
참! 저는 마지막에 메이플 시럽을 겉면에 바르고 10분 정도 더 바삭하게 구웠어요. 메이플 시럽의 향이 물씬 풍기는 스콘은 정말 황홀하답니다. 겉을 바삭하게 구워야 제 맛이 나는 스콘이에요.

만들기 전 알아두세요

가정용 전기 광파 오븐 기준 155℃ 예열(일반 오븐은 위의 온도에서 약 25℃ 정
도 올려서 예열하세요).
작업대에 뿌릴 여분의 밀가루를 준비하세요.
동물성 생크림으로 준비하세요.

이런 재료를 준비하세요

생크림 1컵+1/4컵, 박력분 1컵+1/2컵, 베이킹파우더 1작은술+1/2작은술, 설탕 1큰
술, 우유 약간, 겉면에 바를 약간의 메이플 시럽

이렇게 만드세요

1 볼에 박력분과 베이킹파우더를 한데 담고 체에 곱게 내린다.
2 다른 볼에 생크림과 설탕을 넣어 거품기로 휘핑한다.
3 ❷의 생크림에 ❶을 넣어 고루 섞어 반죽한 다음 둥그렇게 빚어 휴지시킨다.
4 여분의 밀가루를 작업대 바닥에 뿌려 반죽이 들러붙지 않게 한다.
5 ❸의 반죽을 밀대를 이용해 조금 두툼하게 민 다음 동그란 틀로 찍는다.
6 베이킹 팬에 ❺의 스콘 반죽을 올린 다음 반죽의 윗면에 붓으로 우유를 발라준다.
7 ❻의 스콘 반죽을 예열한 오븐에 넣어 약간의 갈색이 날 때까지 20분 정도 굽
는다.
8 ❼의 구운 스콘의 윗면에 여분의 메이플 시럽을 조금 바른 뒤 갈색이 날 때까
지 약 5~10분 정도 더 구워준다.

초콜릿 세미프레도

아이스크림 좋아하세요? 저는 너무 좋아해서 탈이랍니다. 여름이면 아이스크림 지출비가 걱정될 정도로요. 저는 먹는 것에 대한 희망 사항이 딱 두 가지 있어요. 한 가지는 이 세상에 존재하는 모든 사발면과 라면을 먹어보는 거예요. 이상한가요? 하하하!
또 하나는 해마다 여름이 되면 아이스크림을 끼고 사는 거예요.
초콜릿 세미프레도는 초콜릿 아이스크림이라고 말해도 과언이 아니에요. 아이스크림 제조 기가 없어도 냉·동·실 만 있으면 집에서 아이스크림을 손쉽게 만들 수 있답니다. 중간 중 간에 딸기를 넣어도 좋고, 초콜릿칩을 넣어도 좋아요.
벚꽃이 휘날리는 봄, 시원한 나무그늘이 그리운 여름, 보기만 해도 설레는 가을, 흰 눈이 펑 펑 쏟아지는 겨울…, 사계절 언제나 어울리는 초콜릿 세미프레도입니다.
냉동 보관해서 드셔야 더욱 맛있어요.

만들기 전 알아두세요

동물성 생크림으로 준비하세요.
1/8컵은 1/4컵의 절반 분량입니다.

이런 재료를 준비하세요

생크림 1/2컵+1/4컵+1/8컵, 다크초콜릿 125g, 달걀 1개+1/2개, 달걀노른자 1개 분량, 설탕 1/4컵, 초콜릿칩 1/4컵(기호에 따라 넣기), 산딸기 1/4컵(기호에 따라 넣기)

이렇게 만드세요

1 볼에 생크림을 넣고 전기 믹서로 풍성하게 휘핑한 다음 냉장고에 넣어 차게 보관한다.
2 스틸 볼에 초콜릿을 담아 중탕한다.
3 볼에 달걀, 달걀노른자, 설탕을 넣고 은근한 불에서 중탕하면서 거품기로 4~5분 동안 저어준다(달걀이 익을 수 있으므로 빠른 속도로 저어주세요).
4 ❸의 중탕한 달걀 믹스를 전기 믹서로 재빨리 옮겨 5~6분 정도 아이보리색이 날 때까지 휘핑한다.
5 ❹의 휘핑을 멈추고 ❷의 중탕한 다크초콜릿을 넣고 주걱으로 잘 섞는다.
6 휘핑한 생크림을 ❺의 초콜릿 믹스에 넣고 주걱으로 조심스럽게 섞는다. 그리고 분량의 초콜릿칩과 산딸기를 넣고 섞는다(산딸기 대신 좋아하는 과일로 대체하셔도 좋아요).
7 틀에 완성한 믹스를 붓고 랩을 씌워 냉동실에 얼린 다음 먹는다.

초콜릿 클라푸티

딸기와 초콜릿의 어울림이 이렇게 예쁠 수가 있을까요? 영화 〈찰리와 초콜릿 공장〉에나 나올 법한 초콜릿 목욕탕에 윙카가 실수로 딸기를 빠트린 느낌마저 드는 듯해요. 오두막집에 사는 찰리의 가족을 보고 참 따뜻한 느낌을 받았거든요. 꼬마 찰리를 생각하는 가족의 사랑, 가족을 향한 찰리의 사랑.

무조건 화려하다고 해서 멋진 것은 아니죠. 블링블링한 화려함조차 풀어주지 못한 윙카의 마음을 찰리의 가족들이 풀어줬잖아요. 화려함 속의 물질도 좋지만 소소함 속에 빛나는 나만의 것도 그에 못지않게 찬란할 수 있어요.

봄에 한창 나오는 딸기와 다크초콜릿을 이용해 초콜릿 클라푸티를 만들어보세요. 다크초콜릿의 깊은 맛과 딸기의 조화가 정말 좋아요. 의외의 담백함이 어우러진 초콜릿 클라푸티입니다.

만들기 전 알아두세요
가정용 전기 광파 오븐 기준 155℃ 예열(일반 오븐은 위의 온도에서 약 25℃ 정도 올려서 예열하세요).
달지 않은 베이킹용 코코아파우더로 준비하세요.

이런 재료를 준비하세요
박력분 1/3컵, 코코아파우더 1/4컵, 설탕 70g, 달걀 3개, 바닐라 익스트랙 1작은술, 생크림 1컵, 초콜릿 160g, 버터 20g, 딸기 적당량

이렇게 만드세요
1 볼에 박력분과 코코아파우더를 곱게 체쳐 준비한다.
2 ❶에 설탕을 넣는다.
3 다른 볼에 달걀, 바닐라 익스트랙, 생크림을 넣고 고루 섞는다
(달걀 혼합물).
4 ❷에 ❸의 달걀 혼합물을 붓는다.
5 다른 볼에 초콜릿을 넣고 중탕한다.
6 ❹에 ❺의 중탕한 초콜릿을 넣고 주걱으로 고루 섞는다.
7 베이킹 팬을 녹인 버터로 코팅한다.
8 ❼의 코팅한 팬에 딸기를 얹고 ❻의 초콜릿 반죽을 붓는다.
9 ❽의 팬을 예열한 오븐에 넣어 약 20~25분간 굽는다.

허브케이크

제가 사는 곳은 꽃 시장과 가까워요. 언제 어느 계절에 방문해도 엄지손가락을 치켜 세우게 되지
만 봄에 가는 꽃 시장은 이름 모를 꽃들로 가득해 정말 기분이 황홀해진답니다. 게다가 봄이 되
면 언제나 온갖 종류의 허브로 꽉꽉 채워져 있는데, 그 향기는 가히 말로 표현할 수 없을 만큼 매
혹적이에요. 그 어떤 유명한 명품 브랜드의 향수도 감히 명함을 내밀지 못할 만큼의 향기로 가득
채워져 있거든요.
어느 날 이 허브를 사용해 케이크를 만들어봤어요. 버터 대신 식물성 오일을 사용했고, 향긋한
허브도 듬뿍 넣었어요. 정말 늦은 오후의 티타임에 부담 없이 어울리는 허브케이크랍니다.

만들기 전 알아두세요

가정용 전기 광파 오븐 기준 150℃ 예열
(일반 오븐은 위의 온도에서 약 25℃ 정도 올려서 예열하세요).

이런 재료를 준비하세요

박력분 1/2컵, 베이킹파우더 1/2큰술, 달걀 2개, 카놀라유(식물성 오일) 1/2컵, 설탕 1/2컵, 프레시 로즈메리(듬
성듬성 자르기) 1/2큰술(본인 기호에 따라 넣는 허브 양을 조절하셔도 돼요).

이렇게 만드세요

1 볼에 박력분과 베이킹파우더를 한데 담고 체에 곱게 내린다.
2 다른 볼에 달걀을 푼 뒤 카놀라유와 설탕을 넣고 고루 섞는다.
3 ❷에 ❶의 밀가루 믹스를 넣고 고무주걱으로 가볍게 섞는다(오버 믹싱하면 떡 케이크가 될 수 있으니 주
의하세요!).
4 ❸의 반죽에 듬성듬성 자른 프레시 로즈메리 잎을 넣고 가볍게 섞는다.
5 오일을 발라 코팅한 베이킹 틀에 ❹의 반죽을 부은 뒤 예열한 오븐에 넣어 20~25분 정도 굽는다.

캐러멜덤플링

쌀쌀한 날씨에 딱 어울리는 따뜻한 메뉴예요. 비가 오락가락하는 궂은
날씨에 만들어 친한 친구들과 함께 맛있게 먹은 디저트랍니다. 어찌나
마음속 깊은 곳까지 따뜻하게 해주던지! 담백한 캐러멜 소스로 만든 만
큼 오븐에서 꺼내 따뜻할 때 바로 드셔야 좋아요.

만들기 전 알아두세요

가정용 전기 광파 오븐 기준 180℃ 예열(일반 오븐은 위의 온도에서 약 25℃ 정도 올려서 예열하세요).
1/8컵은 1/4컵의 절반 분량입니다.

캐러멜 소스

이런 재료를 준비하세요

버터 20g, 황설탕 1/2컵+1/4컵, 물 1컵+1/4컵

이렇게 만드세요

1 소스 팬에 버터와 황설탕, 물을 넣고 버터와 설탕이 모두 녹을 때까지 중간 불로 뭉근하게 끓인다.
2 소스가 끓으면 불을 끈 다음 실온에서 그냥 식힌다.

도(dough)

이런 재료를 준비하세요

비력분 1컵, 여분의 밀가루 조금, 황설탕 1/8컵, 베이킹파우더 1작은술, 버터 75g, 우유 1/4컵, 바닐라 익스트랙 1/2작은술

이렇게 만드세요

1 푸드 프로세서에 박력분, 황설탕, 베이킹파우더, 버터를 넣고 고운 크림이 될 때까지 돌린나.
2 ❶에 우유와 바닐라 엑스트랙을 넣고 동그란 반죽이 될 때까지 돌린다.
3 여분의 밀가루를 도의 표면에 바르고 한 덩어리의 반죽을 3~4개로 나눈다.
4 베이킹 틀(3~4개의 반죽이 들어갈 수 있는 넓은 팬)에 반죽을 얹고, 미리 만들어 놓은 캐러멜 소스를 반죽 위에 붓는다.
5 ❹의 팬을 예열한 오븐에 넣어 약 30분간 굽는다.

딸기치즈 컵케이크

새콤하고도 달콤한 향을 머금고 있는 딸기. 큼지막한 딸기를 시장에서 발견하면 나도 모르게 그 앞에서 한참을 서성거리곤 한답니다. 너무 예쁘고 잘생겨서 그냥 바라보고만 있어도 기분이 좋아지거든요. 탐스러운 딸기를 한입 가득 베어 물면 그냥 세상을 다 가진 듯 행복합니다. 이 잘생긴 딸기를 사용해 치즈 컵케이크를 만들어봤어요. 딸기를 넣은 앙증맞은 사이즈의 치즈 컵케이크.
따뜻한 햇볕이 가득한 봄날 오후, 빨래대 가득 깨끗해진 빨래를 널어놓고 이 컵케이크를 가지고 짧지만 나만의 소박한 디저트 타임을 가졌습니다. 역시 봄은 언제나 나를 따뜻하게 안아주는 선물과도 같은 계절입니다.
너무 좋아요, 이 따뜻한 봄날이!

만들기 전 알아두세요

가정용 전기 광파 오븐 기준 140℃ 예열(일반 오븐은 위의 온도에서 약 25℃ 정도 올려
서 예열하세요).
동물성 생크림으로 준비하세요.

딸기 퓌레

이런 재료를 준비하세요

딸기 1팩, 기호에 따라 약간의 설탕과 아가베 시럽

이렇게 만드세요

1 깨끗이 손질해 씻은 딸기를 냄비에 넣은 다음 중간 불로 걸쭉하게 끓인다.
2 단맛을 더하고 싶다면 설탕이나 아가베 시럽을 아주 약간만 넣는다. 딸기 퓌레는 실온
에서 식힌 후 사용한다.

딸기치즈 컵케이크

이런 재료를 준비하세요

곱게 간 통밀 과자 1/2컵+1/4컵, 녹인 버터 2큰술, 설탕 1/2컵, 딸기 퓌레 64g, 크림치즈
226g, 소금 약간, 바닐라 익스트랙 1/2작은술, 달걀 2개, 바닐라빈 1/2개

이렇게 만드세요

1 볼에 곱게 간 통밀 과자를 담고 녹인 버터를 넣어 고루 섞는다(푸드 프로세서를 사용
해서 과자를 곱게 갈아도 좋고, 비닐봉지에 과자를 담아 방망이로 잘게 부셔도 좋아요).
2 머핀 틀에 유산지를 끼우고 ❶의 반죽을 1큰술씩 떠넣은 다음 수저로 평평하게 눌러
준다.
3 ❷의 반죽을 예열한 오븐에 넣어 약 5분간 구운 다음 완전히 식힌다.
4 다른 볼에 실온에 둔 크림치즈를 부드럽게 크림화시킨다.
5 ❹의 크림치즈에 설탕을 넣어 고루 섞는다.
6 ❺에 달걀노른자부터 잘 섞은 후, 그다음 흰자를 넣어가며 고루 섞는다.
7 ❻에 소금과 바닐라 익스트랙을 넣어 잘 섞은 뒤 바닐라빈의 씨만 긁어내 넣는다.
8 ❸의 구운 과자와 버터 혼합물에 ❼을 아이스크림 스쿱으로 힌 스쿱씩 띠 넣이 올린
다(아이스크림 스쿱이 없으면 숟가락을 이용하셔도 돼요).
9 ❽의 반죽 위에 딸기 퓌레를 방울 모양처럼 3군데에 올린다.
10 ❾를 예열한 오븐에 넣어 약 25~30분간 굽는다.

산딸기 생크림 프로스팅

이런 재료를 준비하세요

생크림 1컵, 산딸기 약간

이렇게 만드세요

1 생크림에서 풍성한 거품이 올라올 때까지 거품기로 휘핑한다(첨가물이 없는 동물성
생크림을 사용할 경우 설탕은 본인의 기호의 맞게 넣으세요. 그리고 바닐라 익스트랙
또는 집에 있는 디저트 와인을 약간 넣으면 풍미가 더욱 좋아져요).
2 거품을 올린 생크림에 산딸기를 약간 다져서 섞은 다음 컵케이크에 데커레이션한다.

산딸기 브라우니

딱 한철만 만날 수 있는 귀하디 귀한 대한민국의 산딸기. 이 귀한 산딸기를 콕콕 박은 브라우니를 만들어봤어요. 봄이 한창일 무렵이면 백화점은 물론 재래시장에서도 산딸기를 한 무더기씩 팔기 시작해요. 너무나도 귀한 산딸기를 큰맘 먹고 사와 한 손 가득 담아 입에 털어넣으면 어찌나 기분이 좋은지요. 톡톡 터지면서 오도독 씹히는 산딸기 씨앗. 어두운 보라색이 매력적인 오디도 산딸기와 함께 맛볼 수 있는 봄날의 대표적인 열매예요.

개인적으로 이 두 가지 열매는 '보약'이라고 생각해요. 추운 겨울을 이기고 새 생명이 가득한 봄날에 나오는 첫 번째 열매이니까요. 따뜻한 토요일 오후에 먹으면 좋을 산딸기가 촘촘히 박힌 브라우니로 허브티나 쌉싸름한 커피, 그리고 달콤한 아이스크림과 함께 멋진 티타임을 즐겨보세요.

여기에 전자레인지에 살짝 데운 브라우니케이크 한 조각을 접시에 담고 그 위에 아이스크림을 한 스쿱 얹은 뒤 맛을 음미하는 거예요. 아주 천천히, 부드럽게…. 입안 가득 환상의 궁합을 경험하실 수 있을 거예요.

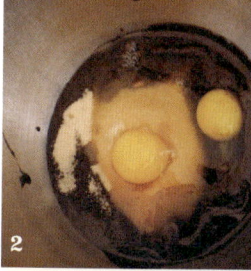

만들기 전 알아두세요

가정용 전기 광파 오븐 기준 150~155℃ 예열(일반 오븐은 위의 온도에서 약 25℃ 정도 올려서 예열하세요).
1/8작은술은 1/4작은술의 절반 분량입니다.

이런 재료를 준비하세요

다크초콜릿 100g, 버터 125g, 황설탕 1/2컵+1/4컵, 달걀 2개, 박력분 1/2컵+1/3컵 절반 분량, 베이킹파우더 1/8작은술, 코코아파우더 1/3컵 절반 분량, 산딸기 1/2컵

이렇게 만드세요

1 볼에 초콜릿과 버터를 한데 담아 중탕으로 완전히 녹인다.
2 ❶에 황설탕과 달걀을 고루 섞는다.
3 ❷에 체에 친 박력분과 베이킹파우더, 코코아파우더를 넣고 잘 섞는다.
4 사각형 내열 용기에 붓을 이용해 녹인 버터나 식물성 오일로 안쪽 면을 코팅한다.
5 코팅한 사각 틀 위에 ❸의 반죽을 부어 바닥을 탁탁 내려치듯 평평하게 마무리한 후 윗면에 산딸기를 얹는다.
6 ❺의 반죽을 예열한 오븐에 넣어 약 25~30분 정도 굽는다.

Chapter
04

STYLING

케이크 & 소품
스타일링

케이크
하나

살굿빛 나는 조금은 커다란 꽃을 만들어 코코넛 케이크에 꽂아보았어요. 그리고 코코넛가루를 뿌린 컵케이크까지요.
누군가의 소박한 웨딩에 잘 어울릴 것 같아요. 코코넛가루는 참 마법 같은 데커레이션의 한 종류인 것 같아요.
꼭 천사의 날개를 보는 듯한 느낌이 들게 하거든요. 아지랑이가 피어오르는 따뜻한 날,
나의 마음까지 따뜻하게 만들어주는 로맨틱한 케이크랍니다.

케이크
둘

설탕 장식으로 장미를 만들어 3단 케이크를 만들어봤어요.
사랑하는 이에게 전할 당신만의 메시지를 남겨보세요.
당신과 그대만의 암호로 말이지요.

케이크
셋

뉴부신 화이트 웨딩드레스 케이크입니다.
처음으로 내가 좋아했어요. 처음으로 심장이 두근거렸죠.
오늘은 당신과 평생을 같이할 수 있는 자리이기에
내 마음이 더 떨립니다.

케이크
넷

핀란드 헬싱키의 자그마한 일식 식당을 풍경으로 한 영화 〈카모메식당〉을 참 인상 깊게 봤어요.
특별히 눈에 띄거나 화려함이 없는데도 영화가 잔잔하니 마음을 참 따뜻하게 해주더라고요.
요새는 이런 영화를 '힐링 영화'라고 부르더군요. 개인적으로 힐링 효과를 느끼기도 했습니다.
그래서 저도 북유럽의 분위기가 살짝 풍기는 케이크를 만들어봤어요. 커피가 맛있어지는 주문은
"코피루왁"이라고 하던데, 그럼 케이크가 맛있어지는 주문은 뭘까요?

케이크
다섯

아기의 탄생을 미리 축하해주는 베이비샤워 케이크를 만들어봤습니다.
당신에게 주는 선물, 당신이 만들어낸 최고의 작품, 당신은 이 세상 최고의 예비 엄마입니다.

케이크
여섯

누군가가 나를 기억해준다는 건 참 축복받은 일입니다.
친구들이 몰래 그녀를 위한 선물을 준비했습니다. 짠~, 핑크색 구두 케이크예요.
사랑스러움을 더하기 위해 미니어처 장미를 만들어 구두에 장식했어요.
그녀들의 즐거운 모습에 내가 더 행복해져 고마웠습니다.

케이크
일곱

케이크에도 빈티지함을 입힐 수 있답니다.
설탕으로 만든 장미를 장식해도 좋지만
시간이 없다면 생화를 활용해보세요.
좀 더 생동감 있고 멋스러운 분위기를 연출할 수 있답니다.

케이크
여덟

설탕 반죽을 이용해 세 여인의 얼굴을 만들었어요.
자세히 들여다보면 나름 이야기가 있는, 3대가 함께 있는 여인네들이랍니다.
할머니, 엄마, 그리고 그녀의 딸. 여러 가지 스타일이 가능한 케이크랍니다.

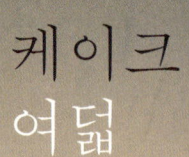

케이크
아홉

싱싱하게 살아 있는 수국으로 꾸민 케이크예요.
생화로 데커레이션을 할 경우에는 싱싱한 꽃이 생명입니다. 꽃도 좋지만 수국의 넓은 잎을 활용
하면 좀 더 멋스러운 케이크를 꾸밀 수 있어요. 당신이 태어나 처음으로 이끼는 사람에게, 당신
이 태어나 처음으로 같이하는 사람에게, 당신이 태어나 처음으로 가슴 떨리는 이 날에,
내가 전해주고 싶은 마음을 담은 선물입니다.

케이크
열

어느 날 저녁 무렵에 갑자기 정전된 적이 있어요.

서둘러 예전에 사둔 양초를 찾아 무심코 불을 붙였답니다.

와…! 세상에 이렇게 아름다운 불빛이 또 있을까요?

건조하고 환하기만 한 형광등 불빛과는 전혀 달랐습니다.

촛불에는 왠지 모를 운치, 또는 기품 같은 게 있잖아요. 그 감동을 떠올리며 3단 케이크를 만들었어요. 밋밋한 단색 3단 케이크이기 때문에 알록달록한 컵케이크로 예쁘게 꾸며주었죠. 좀 더 화려하고 신나는 분위기를 만들기 위해서요.

어둑어둑해질 무렵, 케이크에 촛불을 켜보세요.

제가 케이크를 만들며 본 그 아름다운 불빛을 여러분도 볼 수 있을 거예요.

케이크
열하나

크리스마스 케이크를 만들었어요.
커다란 초는 기본이죠.
초의 촛농을 비슷하게 표현하는
방법을 알려 드릴게요. 촛농을 표현할 때
아이싱을 만들어서 꾸며보세요.
그러면 정말 그럴듯한, 사실감 있는
촛농을 표현할 수 있답니다.

케이크

열둘

앙증맞은 캐릭터를 만들어서 케이크를 장식했어요.
이뿐만 아니라 내가 좋아하는 캐릭터를 직접 만들어 꾸밀 수도 있답니다.
케이크의 변신은 무한하니까요!

케이크
열 셋

푸른빛의 화이트 장미꽃 케이크랍니다.

케이크
열 넷

키친을 주제로 케이크를 만들었어요. 푸른색 캐릭터가 귀엽지 않나요?
미크피피 케트트 만들에서 올러놓았어요. 이런 수푼을 마들 때는 하루 전날 미리 만들어
적당히 말린 다음 케이크에 튼튼하게 고정해야 망가지지 않아요.
신혼부부 집들이에 초대받았을 때 가져가면 좋을, 이야기가 있는 유쾌한 선물이에요.

컵케이크
하나

베이비 블루와 핑크 그리고 민트와 아이보리색을 입힌 컵케이크를 만들었어요.
가장 기본적이면서도 제일 멋스러운 바닐라 컵케이크랍니다.

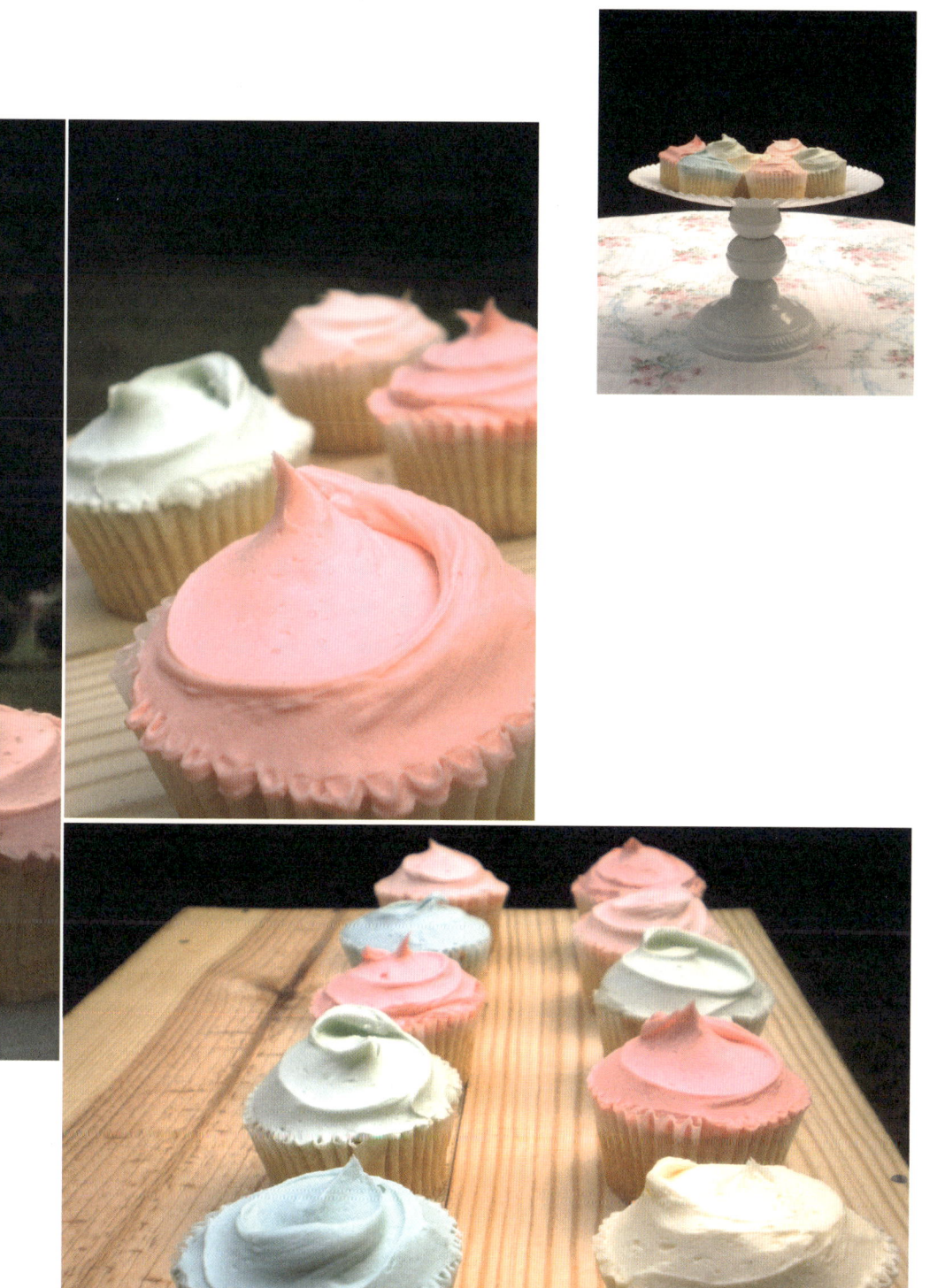

컵케이크
둘

생일을 축하하기 위해 만든 컵케이크예요.
생일 케이크는 무조건 알록달록 신나게,
그리고 사랑스럽게 만들어야 해요.

컵케이크
셋

감히 초콜릿이 전 세계를 지배하는 날이라고 말하고 싶어요. 이날에 저는 달콤한 초콜릿 컵케이크에 치즈케이크 베이스를 조금 넣었어요. 그리고 초콜릿 가나슈로 마무리했지요. 요게 바로 저만의 밸런타인데이 초콜릿 컵케이크였답니다. 아직 조금은 쑥스럽지만, 그대에게 보내는 달콤한 메시지는 덤이죠. 반응이 아주 좋았답니다. 여러분도 나만의 개성을 담은 초콜릿 컵케이크 만들기에 도전해보세요.

Love Sisters
My Vanilla Cupcake

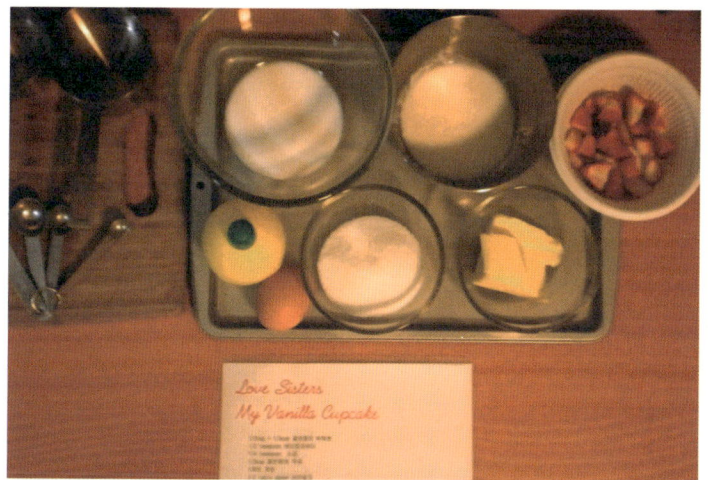

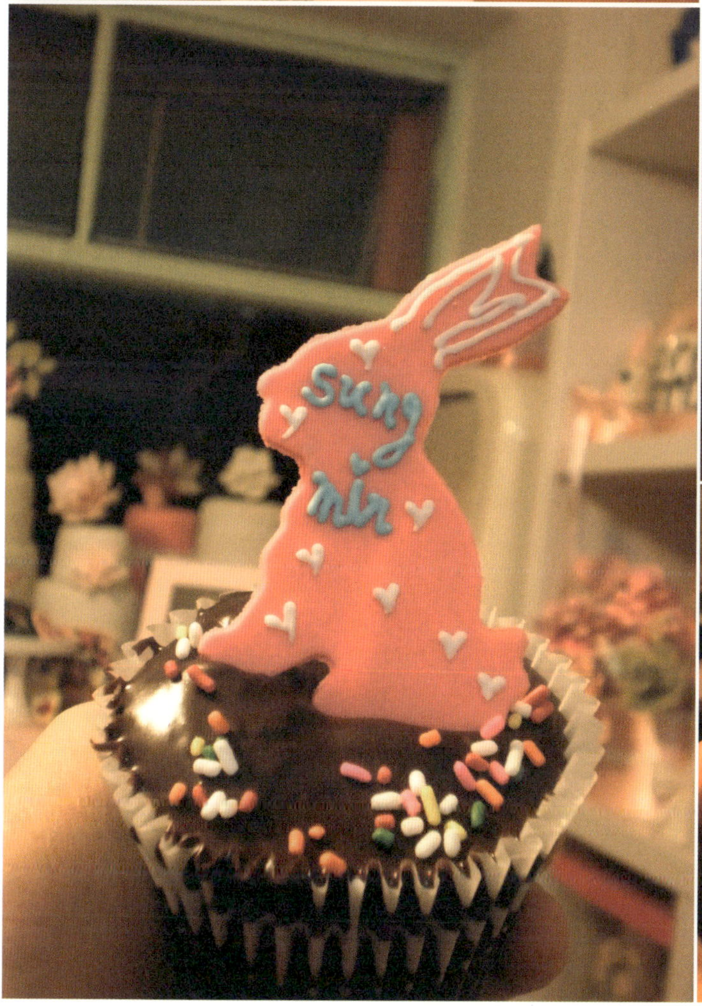
Sung
min

happy
Valentine
day

Love
Love
Love
Love
You

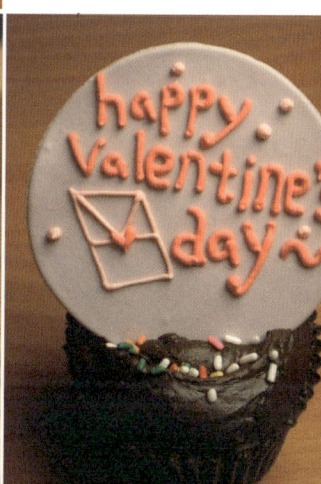

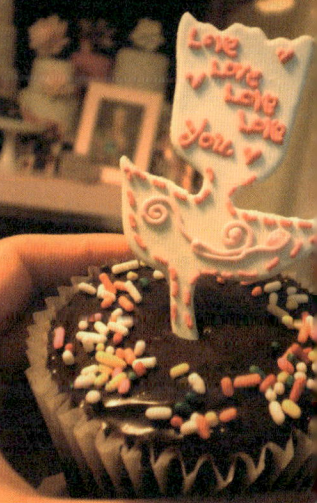

미니
꽃 컵케이크 넷

세상의 모든 꽃은 정말 아름답죠. 세상에서 이렇게 아름다운 생명체도 없을 거예요.
꾸미지 않아도 그 자체가 멋스럽지요. 크림으로 꽃을 짜서 미니 컵케이크에 얹어봤어요.
정말 러블리한 미니 꽃 컵케이크가 탄생했어요. 케이크의 변신은 정말 무한한 것 같아요.

"네가 이걸 만들다니!"
컵케이크 다섯

이따금 친구들에게 컵케이크를 선물하는데, 그럴 때마다 듣는 말이 있어요.
"세상에, 네가 이걸 만들다니?"라며 친구들이 도무지 믿을 수 없다는 듯한 표정을 짓곤 한답니다.
하긴… 친구들도 제가 베이킹을 하리라곤 상상도 못했을 거예요.

"건강하게만 자라다오"
컵케이크 여섯

이 세상 모든 부모의 공통적인 희망 사항이자 간절한 바람이 아닐까 생각합니다.
"건강하게만 자라다오!"
컵케이크로 어느 꼬맹이의 어린 시절 추억 한 자락을 장식하게 됐어요. 아이의
탄생 100일을 축하하는 백일 컵케이크랍니다. 대한민국을 빛내는 사람이 되라고
태극기도 만들었어요. 어떤 이의 추억 일부분을 내 손으로 만든다고 생각하니 기
분이 새로웠습니다.

블링블링
미니 컵케이크 일곱

딱 한입에 먹을 수 있는 크기의 미니 컵케이크예요.
색을 만들 때마다, 크림을 샌딩할 때마다 너무 예뻐
방방 뛰면서 뿌듯하게 만든 기억이 납니다.

생일 축하
미니 컵케이크 여덟

생일 축하 미니 컵케이크

작은 컵케이크의 진정한 힘을 보여줬습니다. 정말 그들의 힘은 대단하거든
요. 선물을 받으신 모두들 좋아하시더라고요. 마치 동화책 같은 생일 축하 케
이크였어요. 책을 펼치면 알록달록 예쁜 그림이 나를 반겨주는 것처럼 나는
컵케이크를 이용해 여러 사람의 생일 축하 동화책을 만들어주었답니다.

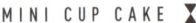

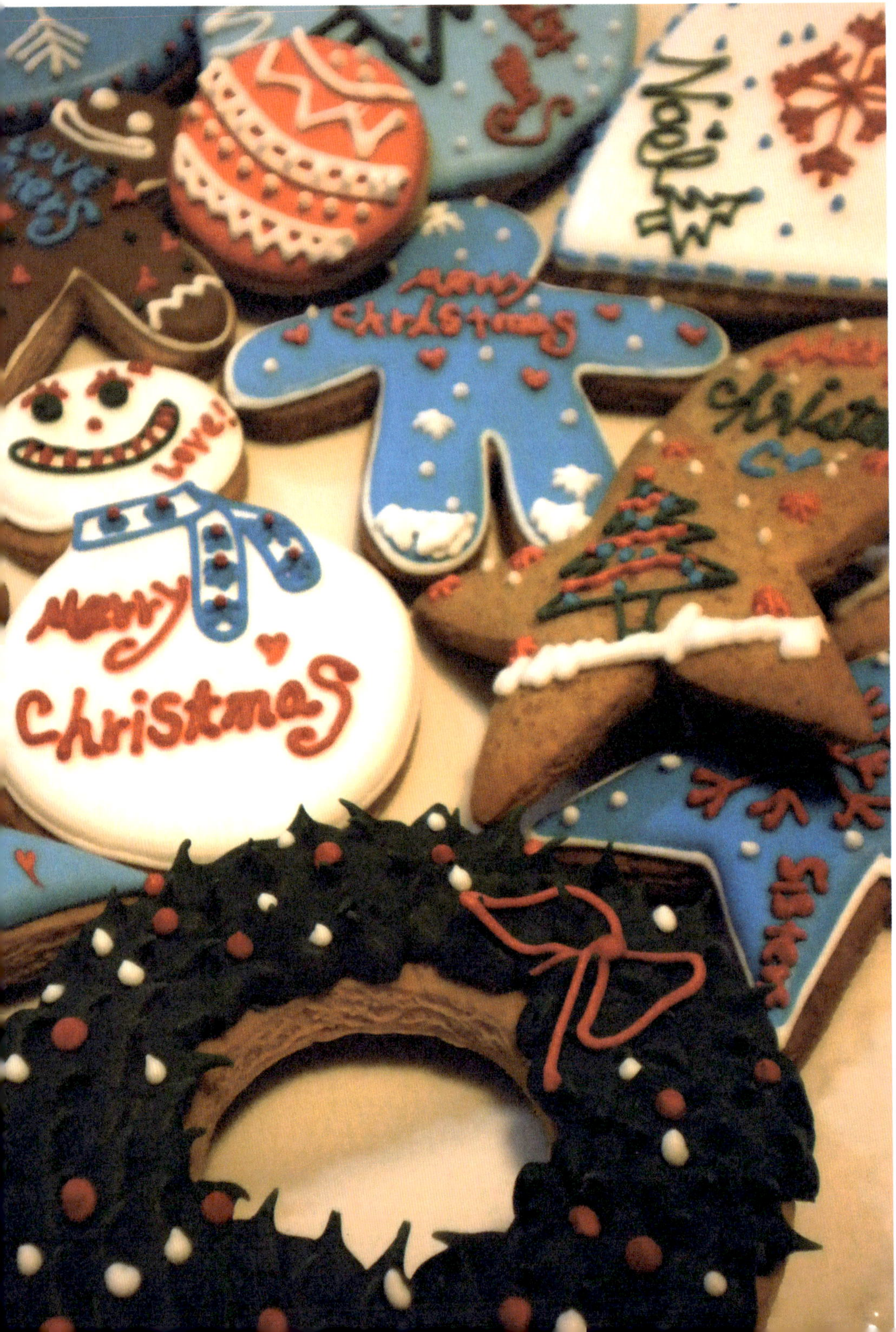
Noël
Merry Christmas
Love!
Merry Christmas

크리스마스
미니 컵케이크 아홉

크리스마스는 정말 많은 이야기를 표현할 수 있는 소재에요. 컵케이크를 만들거나 아이싱 쿠키를 만들 때는 스케치북에 그림을 그리듯 정말 재미나게 만들 수 있거든요. 하나씩 완성하다 보면 만드는 사람이 오히려 더 즐거워지죠. 크리스마스를 앞두고 미니 컵케이크와 아이싱 쿠키를 만들어봤어요. 역시, 스케치북은 따로 있는 게 아니더라고요. 이날 제 스케치북은 아이싱 쿠키와 미니 컵케이크였습니다. 다만, 미리 준비해야 할 준비물이 조금 더 있다는 것만 빼면 아주 완벽했어요.

결혼식 풍경
하나

소박한 소품을 이용해 결혼식 날의 추억을 남겨봤어요. 시중에 파는 종이 백에 색연필로 신랑신부를 그린 다음 결혼식 날짜를 적고 감사 카드와 손수 만든 답례품을 넣었어요. 그리고 간단한 다과와 음료, 보기만 해도 사랑스러운 컵케이크로 디저트 테이블을 꾸몄답니다. 나만의 특별한 웨딩 케이크를 생각하고 있다면 컵케이크로 꾸며도 좋아요. 어떻게 꾸며도 이날만큼은 세상 어느 것보다 빛이 날 거예요.

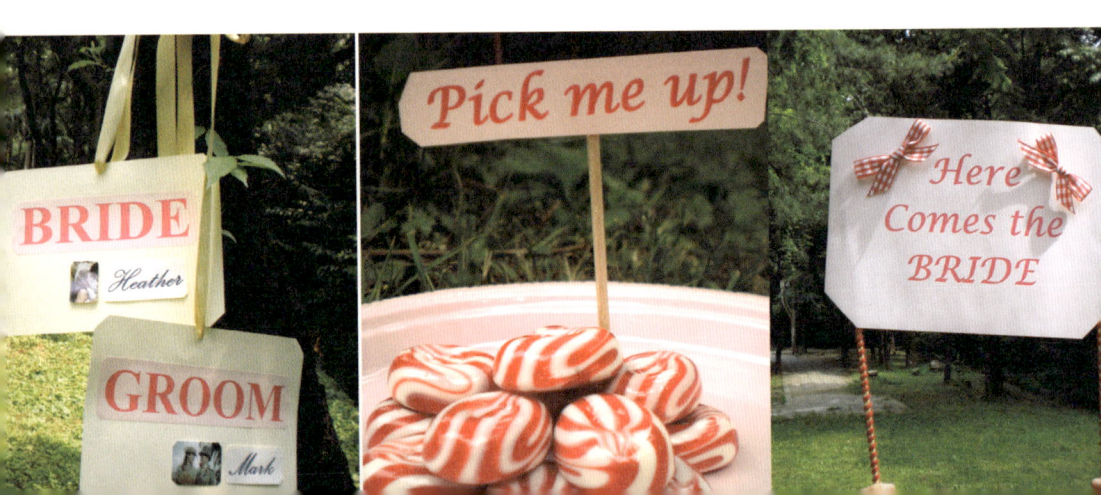

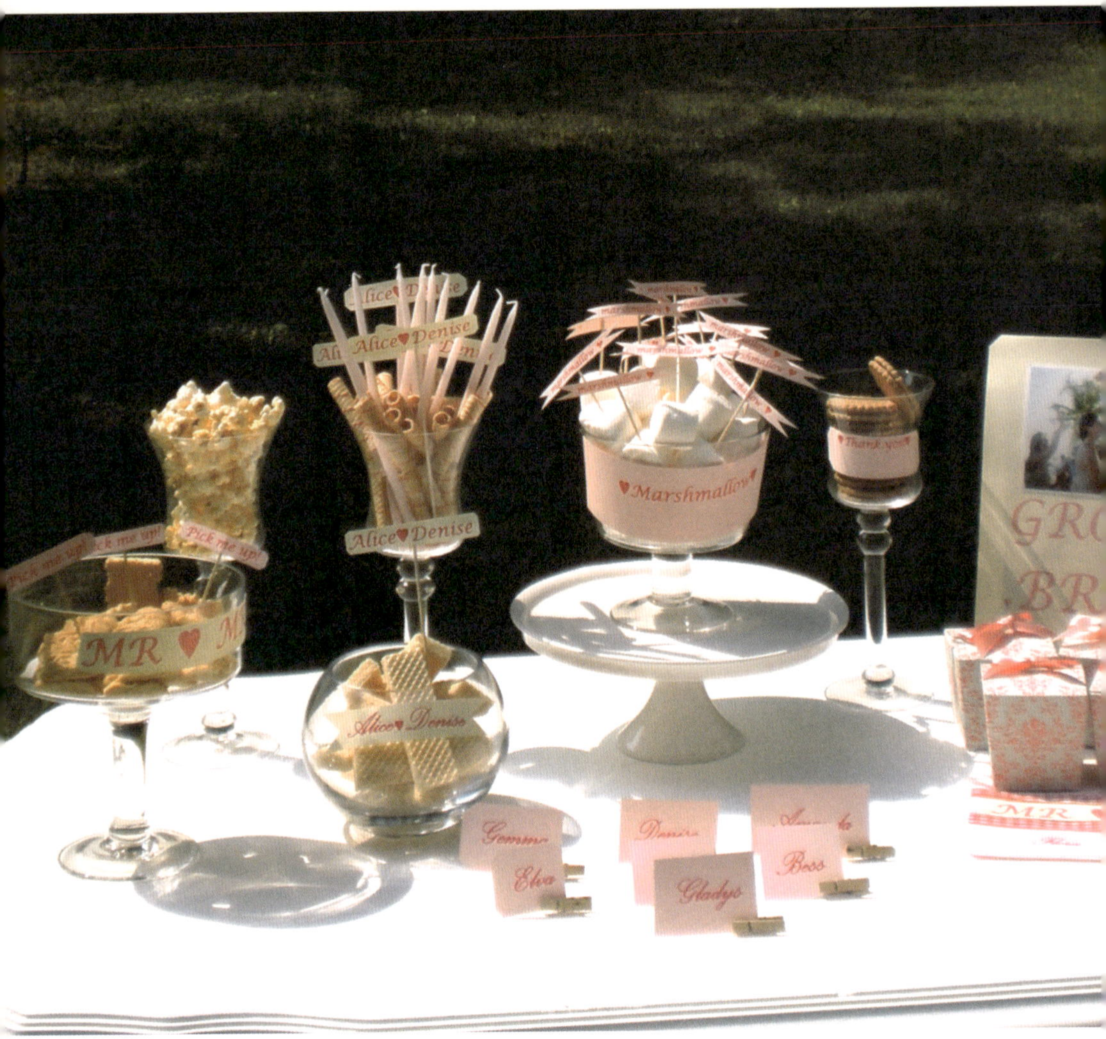
Alice♥Denise
Marshmallow
Pick me up!
MR ♥
Elva
Gladys
Boss

BRIDE
Heather
GROOM
Mark

Pick me up!

Here
Comes the
BRIDE

269

결혼식 풍경
둘

음료를 매칭한 테이블을 꾸며봤어요.

간단한 다과와 음료 그리고 맥주를 곁들여 자유스러운 분위기에서 누구나 쉽게 어울릴 수 있는 파티가 되도록 아이디어를 발휘했죠. 그 대신 음료 잔은 모두 와인 잔으로 통일했어요. 알코올이 들어가 있는 음료를 마시지 못하는 이들을 위한 배려예요. 그리고 음료를 와인 잔에 먹으면 조금 색다른 분위기를 느낄 수 있거든요. 그리고 잔하나하나에 참석한 손님의 이름을 붙여 특별함을 더했어요.

결혼식 풍경
셋

결혼식에 빠질 수 없는 것 중 하나는 웨딩 케이크라고 생각해요. 결혼식
에는 크고 거창한 케이크만 어울릴 거라는 편견은 버려주세요. 조그마
한 컵케이크만으로도 정말 멋진 웨딩 케이크를 꾸밀 수 있답니다.
이렇게 평범한 케이크로도 충분히 결혼식 날의 분위기를 낼 수 있답니
다. 신부의 아름다운 웨딩드레스처럼 레이스 무늬 모양의 케이크를 만
들었어요. 이런 좋은 날은 무조건 러블리해야 하잖아요. 닭살스러워도
어쩔 수 없어요. 이것이 결혼식만의 특권이니까요!

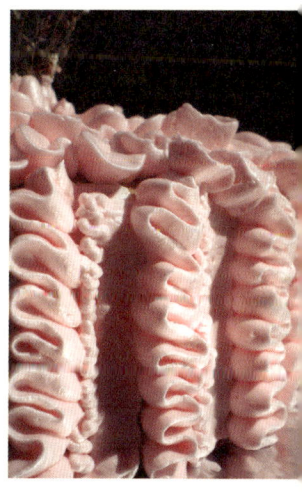

결혼식 풍경
넷

요즘은 해 질 무렵의 저녁 결혼식도 심심찮게 볼 수 있어요.
석양 무렵의 광경은 정말 세상 최고의 풍경이라고 생각해요.
왜 이리 아름답게 느껴지는 것은 짧은 시간만 허락하는 걸까요.
촛불로 결혼식 날의 로맨틱함을 연출해보았어요.

베이비샤워 파티
하나

여자아이를 위한 베이비샤워 파티 데커레이션이에요. 아기의 옷을 액자
에 넣어 장식했답니다. 예비 엄마와 아기에게 전하고 싶은 메시지도 함
께 붙여서 장식하면 더욱 뜻깊은 선물이 될 것 같아요.

베이비샤워 파티
둘

남자아이의 베이비샤워 파티를 연출해봤어요.
남자아이에 맞게 화이트와 블루 컬러의 아기 옷으로 준비했답니다.

베이비샤워 파티
셋

베이비샤워 파티 테이블을 꾸몄어요.
카드도 직접 만들어 테이블 위에 올려놓았고요. 특별한 기술이 없어도 가위질과 풀칠, 리본
만 묶을 줄 알면 쉽게 만들 수 있어요. 하늘의 천사가 당신에게 준 최고의 선물,
이 얼마나 아름다운 날인가요. 당신의 행복이 참 아름답습니다.

베이비샤워 파티
넷

집에 있는 작은 탁자를 이용해 꾸며보았어요.
누구나 부담 없이 즐길 수 있는 팝콘을 조금씩 담아서 답례품으로 준비했어요. 색연필로 꾸민 종이 백에 넣어 조금 특별함을 더했고요. 답례품의 종류는 정말 무궁무진해요. 언젠가 현장에서 갓 튀긴 도너츠에 새하얀 슈거파우더를 듬뿍 뿌려 종이 백에 담아 감사의 마음을 표현하는 것도 봤어요. 파티에 참석한 손님들이 따끈하고 달콤한 도너츠 선물을 너무 좋아하시더라고요. 아이디어만 있으면 답례품도 얼마든지 색다르게 변신할 수 있어요.

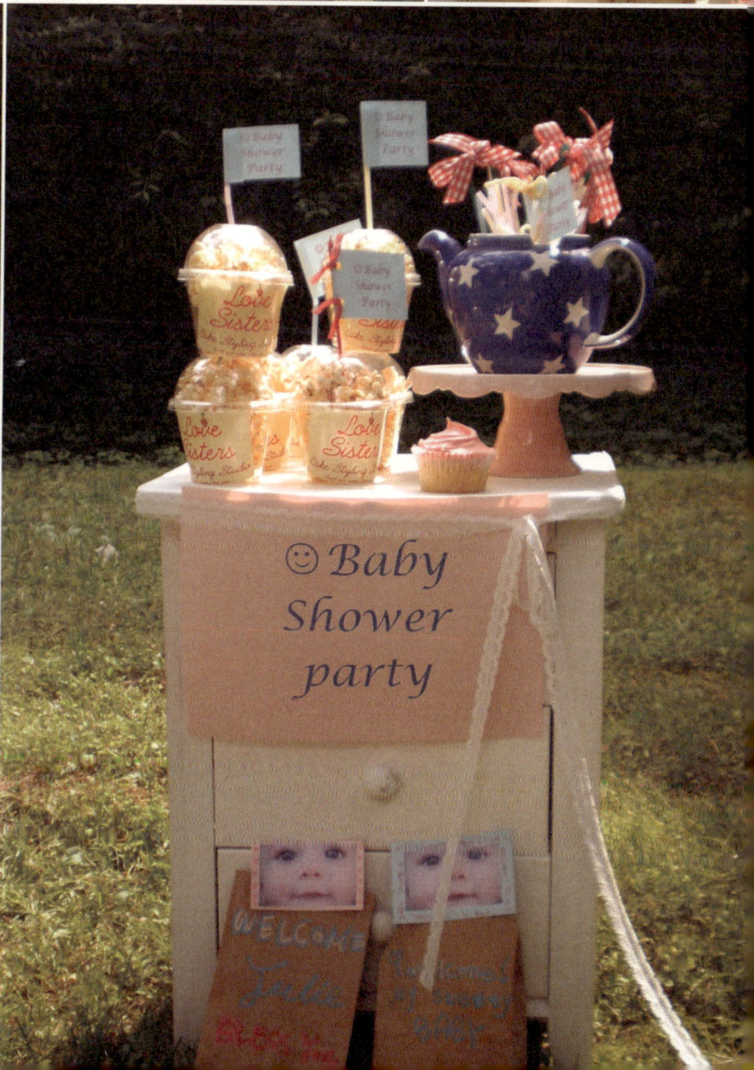

야미 야미
하나

직접 만든 설탕 듬뿍 도너츠로 도너츠 타워를 쌓았어요. 이것이 바로 도너츠 케이크! 역시 도너츠는 마무리로 설탕과 약간의 시나몬 파우더를 뿌려줘야 진정한 도너츠의 맛을 느낄 수 있죠. 좀 더 특별한 도너츠를 원한다면 쿠키 커터를 사용해보세요. 저는 쿠키 커터를 사용해서 진저맨 도너츠를 만들었답니다.
진정한 달콤 홀릭을 원한다면 코코아도 빼놓을 수 없어요. 전 아침저녁으로 찬바람이 불기 시작하면 저절로 부드럽고 달콤한 코코아가 생각나더라고요. 말캉말캉 마시멜로를 코코아 위에 잔뜩 얹고 초코시럽을 듬뿍 끼얹어주면 달콤 홀릭의 최강자가 될 만한 녀석이 탄생한답니다. 참, 코코아를 만들 때는 꼭 다크 초콜릿을 사용하셔야 해요!

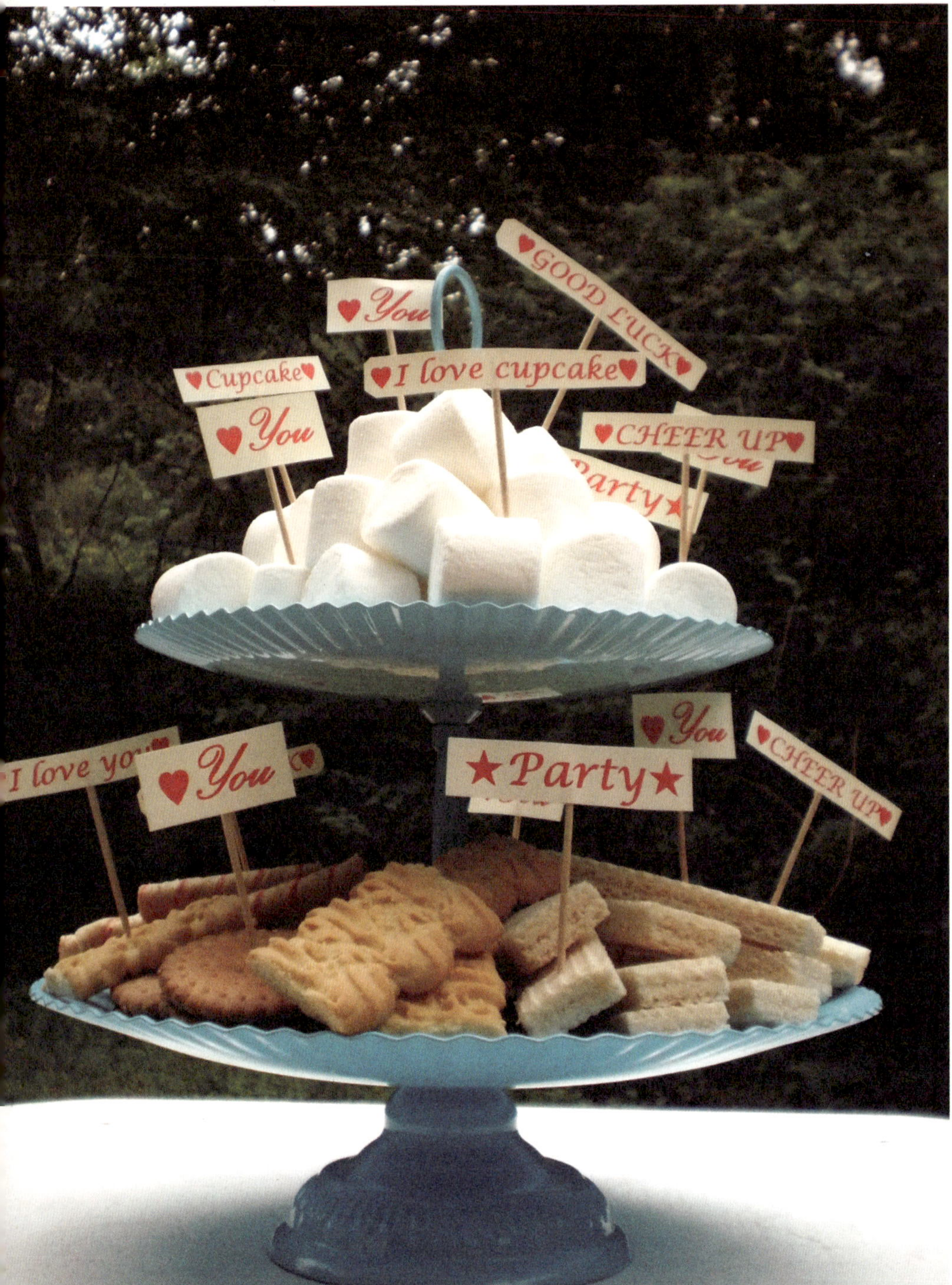
GOOD LUCK
You
I love cupcake
Cupcake
You
CHEER UP
Party
You
★Party★
You
CHEER UP

야미 야미
둘

카페에서 친구와 수다 떨 때 양도 안 차는 케이크 한 조각 시켜놓고 친구 한 입, 니 한 입 이렇게 이껴기며 먹곤 했다면 조금의 수고를 더해 친구를 집으로 초대해 맛있는 케이크와 함께 티 타임을 갖는 건 어떨까요? 케이크 스탠드를 이용해 과자 타워를 만들어보세요. 시중에 파는 묶음 과자를 이용해도 좋아요. 취향대로 고른 과자로 푸짐한 과자 타워를 꾸며보세요.

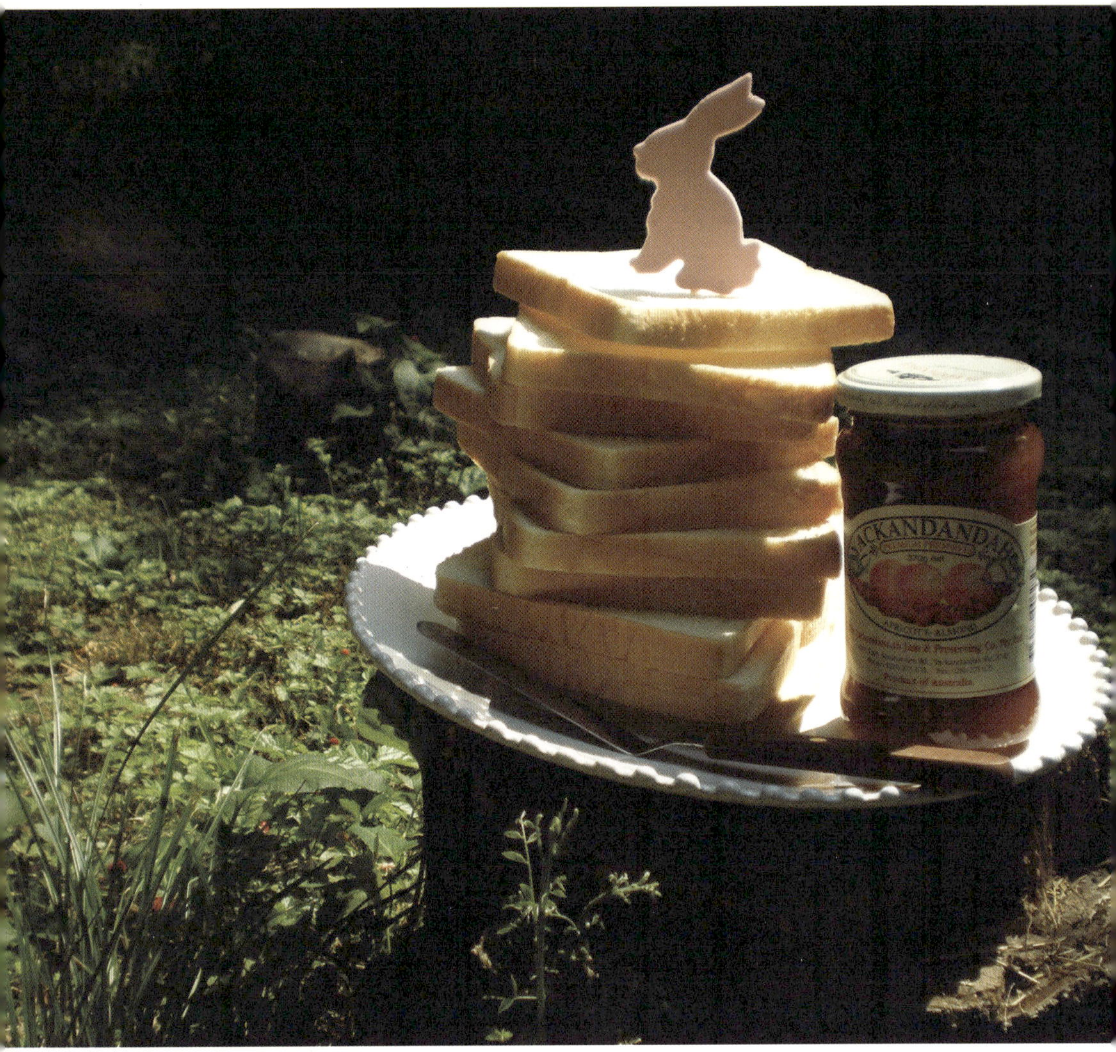
370g net
Product of Australia

PREMIUM PRESERVE
370g net
APRICOT & ALMOND
Product of Australia

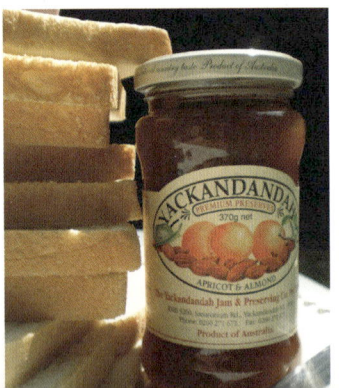

야미야미
셋

언제나 간단히 먹을 수 있는 식빵과 시리얼로 만든 초간단 간식이에요. 먹다 남은 식빵을 쿠키 커터를 사용해 재미있는 모양으로 만들었어요. 퍼즐 조각을 맞추듯 식빵과 커터로 자른 식빵을 끼우는 놀이로 즐겨도 좋아요.

나만의 시간

언제나 나와 함께할 수 있는 티타임 아이디어를 모았어요. 삭막한 사무실에 앉아 있지만 책상
에서만큼은 나를 위한 멋진 티타임을 가질 수도 있죠. 초록 잎사귀가 너무 싱그러운 나무 아
래에서 즐기는 티타임도 흥겹겠죠. 이렇게 돈 안 들이고 행복한 시간도 드물 거예요.

I'm in love

Movie

에필로그
EPILOGUE

이 책을 위해 도움주신 분들이 많습니다.

우선 집 안 빼곡히 가득 채워진 소품을 옮겨주시고, 야외 촬영이 있을 때는 손수 도시락을 만들어 주신 아빠, 생각만 해도 너무나 든든한 사랑스러운 엄마, 작업 기간 중 가장 많은 힘을 준 파트너이자 언니. 마지막으로 소풍 출판사의 전희경 편집장님께 감사의 말씀을 드립니다.

이 책을 선보이기까지 많은 일이 있었습니다.

사진을 저장한 파일이 한꺼번에 날라갔는가 하면, 소품을 옮기다 다치기도 하고, 그 어느 때보다도 울고 웃을 일이 많았습니다. 생각해보면 책을 준비한 기간은 아직도 활활 타오르는 열정과 내 안의 꿈으로 달려온 시간이었습니다.

이 책을 통해 많은 사람들에게 디저트 문화를 알리고 싶은 마음도 있고, 손쉽게 사먹는 디저트가 아닌 집에서 만들어 먹는 디저트 문화를 알려드리고 싶습니다. 그렇게 조금이나마 디저트가 여러분의 일상생활 속으로 한발짝 더 다가갔으면 하는 바람이 있습니다.

집에서 편안하고 따뜻하게 읽을 수 있는, 읽는 이 마음속에 사랑과 일상에서 지친 마음을 달래주는 그런 책이 되면 좋겠습니다.

저는 가끔 지친 마음을 책으로 달래곤 합니다. 그래서 저의 책상에는 나만의 책 리스트가 있지요. 소설, 디저트 책, 여행, 시, 에세이 등 종류도 다양하지만, 어떤 것을 읽든 누군가 제 마음을 안아준다는 그런 편안한 느낌과 안도감이 들어요.

일종의 안식처라고나 할까요? 마음의 안식처….

여러분에게도 이 책이 그런 안식처 같은 존재였으면 합니다.

책이라는 것을 처음으로 만들어본 거라 실수도 있고, 깨달음과 함께 새롭게 알게된 것이 많았습니다. 그래서 이 경험이 고맙고 또 감사합니다.

마지막으로 다시 한 번 책을 위해 도움주신 모든 분들에게 감사드리며, 더 많은 이야기는 저희 러브시스터즈 블로그에서 들려 드릴게요. 어디에서 보든 읽는 이의 마음이 따뜻해지고, 또 따뜻해지는 그런 책으로 기억 되었으면 합니다.

감사합니다.

thank you.